中华优秀传统文化创造性转化与创新性发展特色教育丛书

国家级一流本科课程建设系列教材

国家社科基金艺术学重大招标项目（项目批准号：21ZD25）教研建设成果

总主编 孙 磊

营意筑境

YING YI ZHU JING

中国传统园林与现代景观

ZHONGGUO CHUANTONG YUANLIN YU XIANDAI JINGGUAN

吕桂菊 编著

中国人民大学出版社

· 北京 ·

编委会

总 序

文化是一个国家、一个民族的灵魂，承载着民族成长发展的基因和印记，是国家软实力的代表。当今世界，各国之间综合国力竞争日趋激烈，文化越来越成为民族凝聚力和创造力的重要源泉，越来越成为综合国力竞争的重要因素。党的十八大以来，我国将推动中华优秀传统文化创造性转化和创新性发展摆在突出位置，推动中华优秀传统文化传承发展、焕发新生。我们深刻体会到，历久弥新的中华优秀传统文化，是中华民族的精神命脉，是综合国力竞争中维护国家利益和安全的重要精神武器。在顺应时代发展中不断拓展和创新文化表达方式，将有利于激发全民族文化创造活力，影响全球主流价值观，提高国家文化软实力和文化国力。

在这样的文化发展背景下，设计何为？我们认为，设计是文化的重要组成，文化融于设计，设计体现文化，两者互为辩证、不可分离。设计是文化的物质与精神、智力与情感等的外在表现，常指受文化支配所产生的意图成果或实践成就，是文化得以保护、转化、再生、传承、传播的重要力量。文化深刻地影响着设计的发展，它决定了设计的方向、样式、内容、风格、观念等诸多内容，而设计也不同程度地影响着文化的支配力量，因为设计不仅表现为物质、科技成果和审美价值的客观存在，同时表现为生活方式、共处的方式、价值观体系、传统和信仰等内容。从价值属性上说，设计问题就是文化问题，一个国家设计综合能力越强，文化软实力也就越强，因此设计是国家文化软实力建设的重要组成部分。

本套丛书共分五册，得到国家社科基金艺术学重大招标项目“设计创新与国家文化软实力建设研究”（项目批准号：21ZD25）与国家级一流本科课程建设的共同资助，成果既是理论研究又是教学实践，体现“用理论去分析现实，再用实践去验证理论”的指导原则。作为研究成果，本套丛书立足“传统文化资源创新转化手段的匮乏与丰富的文化资源禀赋之间的矛盾”、“中华文化更深层次结构内涵的张力与浅层次的模仿表达能力之间的矛盾”以及“西方文化和价值观的‘中心化’与西方价值主导下东方文化的‘他者化’之间的矛盾”现实，注重从当代中国问题出发，聚焦造物造型、园林、陶瓷、首饰、木作等中华优秀传统文化的代表性领域，进行理论化梳理和创新性实践，不断强化对自身文化的反思、再造、传承、阐释、教育、传播等能力，以设计为纽带主动把传统与当代、历史与现实、守正与创新、中国与世界等文化维度紧密地关联在一起，并通过这种深层次的文化价值互动、整合、重构、融创和体验，探讨和把握新的造物方法和造型规律，进而形成促进中华优秀传统文化创造性转化与创新性发展的可行路径。

作为教材成果，本套丛书的内容基础均来自国家级一流本科课程，有着长期丰富的教学实践积累。本次编撰，重点是将中华优秀传统文化创造性转化与创新性发展理念融入高校思政课教学，不仅实现对中华优秀传统文化自身的接续更新，还为学生提供了与当代中国文化身份建构问题相互“嵌入”的现实语境，帮助他们从中华优秀传统文化的母体中，自觉寻找和明确共有的历史记忆、习俗信仰、情感维系、生活方式、价值观和文化凝聚的精神内核及文化本原，并将之内化于心灵空间、创作境界和生活现场。通过课程的意识形态传达、文化心理性定义、设计的情感机制与集体记忆书写等方式，形成具有特征标识的共有性文化品格和文化认同，推动学生个体文化身份与国家主导的集体文化身份相互衔接，从而帮助学生更好地树立正确的世界观、人生观、价值观和艺术观，不断提升育人效果。

需要注意的是，中华优秀传统文化中蕴含的造物智慧，经由人、藏于物，在历史中形成天人合一、美善相乐、制器尚象、以身度物、巧法造化等造物观念，在今天也早已跨越时空，形成具有世界性价值、普遍性意义的思想观念、人文精神、道德规范和价值体系，亟待通过设计进行传承传播。为强化大众传播和国际传播质效，本套丛书在策划时，注重将中华优秀传统文化中具有当代价值、世界意义的文化精髓提炼出来、展示出来。譬如，丛书特别开发了参与式和体验式数字化场景，将造物的理论、流程和环境模块化、剧本化、故事化，并设置了中、英文双语学习平台，便于受众在“做中学”“玩中学”“体验中学”，把赓续中华文脉又彰显时代精神、立足本土又面向世界的文化创新成果传播出去，不断增强气象博大的中华文明在国际上的传播力和影响力。

传承好、发展好中华优秀传统文化，提升国家文化软实力，需要拓展中华优秀传统文化研究的广度和深度，深化以文化创新为主导的“设计软价值”作用，赋予中华优秀传统文化新内涵、新话语、新形式，这些至关重要。设计创新成为传统文化创造性转化与创新性发展以及国家文化软实力建设的重要内容，既折射出文化强国建设对设计创新的基本需求，又体现出以设计塑造和传递国家形象与社会主流价值观的重要意义，这也是本套丛书的出发点和归宿。

为保证本套丛书的出版质量和水平，参与编写的作者团队、山东工艺美术学院相关领导同人以及中国人民大学出版社领导和编辑团队都做了大量工作，付出了大量心血，在此一并表达我们最诚挚的谢意。

我们深知，在面对中华优秀传统文化实践中层出不穷的问题时，本套丛书仍显得汲深绠短，诚望广大读者提出宝贵意见，使丛书不断完善，真正能成为促进中华优秀传统文化基因延续、传承，并推动中国本土文化和意识得以复兴发展、走向世界的“铺路石”。

前　言

中国园林被誉为世界造园之母，是中华优秀传统文化的重要组成部分，在世界三大园林体系中独树一帜并享有盛誉。作为几千年中华文化的瑰宝，中国园林承载着中华优秀传统文化的基因，不仅需要保护，我们还应深入挖掘其精神内涵。中国园林是中华文明的立体史书，造园布局体现着天人合一的哲学思想，亭台楼阁镌刻着礼制秩序，山水布局蕴藏着阴阳哲学，植物配置体现着比德传统。

在当代文化建构中，中国园林展现出多维价值，是建设美好生活，实现乡村振兴、城市更新等国家战略的迫切需要。造园技艺中的“借景”手法启示着城乡建设的空间美学，杭州西湖“三面云山一面城”的格局为现代城市规划提供传统智慧；园林植物配置的生态智慧，正在浙江乡村振兴战略中转化为“乡村微园林”建设规范；苏州博物馆新馆将园林元素融入现代建筑，印证了传统文化创造性转化的可能。这些实践生动诠释了文化自信的当代形态。

中国园林所蕴含的造物艺术体系与造型艺术体系是中华文明的宝贵财富，与“文化自信”“核心价值观”“提高文化软实力”等重要论断一脉相承，是坚定“四个自信”的重要支撑。当今，中国园林文化对于“讲好中国故事”具有重要作用。随着全球化进程的加快，文化软实力成为国家综合实力的重要组成部分，中国园林作为中华文化的象征，能够向世界展示中国独特的文化魅力和价值观念，通过园林文化的传播，可以让世界更好地理解中国的历史、哲学和生活方式，从而增强国际社会对中国的认同感。

本书以传统园林艺术为依托，以培养现代景观实践中的中国园林设计思维和方法为目标，展现了传统文化语境下现代景观创新设计的重要内容。全书从九个方面系统阐述了中国园林设计的核心理念与实践方法，包括传统园林与现代景观、内外结合意幽远、庭院深深深几许、秘境指引显章法、处处玄机有巧技、匠心营造有门道、一勺则江湖万里、一拳则太华千寻、四时变化有情暖。

首先，“传统园林与现代景观”梳理了园林的发展脉络、构成要素及类型特征，深入探讨了传统园林与现代景观的相互关系，为学生提供了从历史到现代的宏观视角。接着，“内外结合意幽远”聚焦于园林意境的创作过程，分析了设计思想、主题表达以及中国传统哲学观念对园林设计的影响，同时结合现代景观设计中的意境营造方式，展现了传统与现代的融合与创新。

“庭院深深深几许”重点探讨了中国传统园林的空间布局方法，并深入分析了这些方法在现代景观设计中的转化与应用。通过对比传统与现代的空间设计理念，学生可以更好地理解如何在现代设计中传承古典园林的精髓。随后，“秘境指引显章法”详细阐释了传统园林中路径设计的规律与方法，揭示了如何通过路径引导游人的行进路线，从而营造出层次丰富的空间体验。

“处处玄机有巧技”通过解析传统园林中的造景技巧，展现了造园者如何满足游人的观赏体验，并结合现代景观设计中的实际案例，帮助学生体会设计师的匠心独运。而“匠心营造有门道”则聚焦于园林建筑的形制与特色，如榭、舫、廊、亭、景墙、门窗洞口等，分析了其在空间通透性、色彩搭配、位置布局及与环境的有机融合等方面的独特之处。

“一勺则江湖万里”重点阐述了园林水景的构成原理与应用技巧，详细介绍了不同类型水景的设计方法，展现了水景在园林中的核心地位。与之相呼应的是“一拳则太华千寻”，该部分深入探讨了园林中山石的处理手法、材料类型及应用方式，并分析了现代景观中山石设计的创新实践。

最后，“四时变化有情暖”从植物造景的角度出发，探讨了传统园林中植物的营建特色与造景方法，并分析了这些方法在现代景观设计中的转译与应用，展现了植物在园林中的时间性与情感价值。

通过系统学习本书，学生可以逐步建立中国园林设计的思维体系。本书以园林艺术类型为主线，纵向上分为不同的设计思维板块，横向上以每一个设计思维板块为核心，分为若干个知识点。每个知识点均通过传统园林与现代景观的对比分析，结合案例推演与理论总结，帮助学生从多维度理解中国园林设计的精髓。这种“以线串点”的结构设计，不仅从横向与纵向两个维度构建了中国传统园林设计思维，还通过理论与实践的结合，培养了学生的演绎方法应用能力、问题分析求解能力以及园林传承创新能力。

此外，本书还注重培养学生的文化自信与国际化视野。通过讲授中国传统园林文化与艺术，学生不仅能够掌握园林设计的基本技能，还能深刻理解本土文化的特色与价值，从而在全球化背景下更好地传播与发扬中国园林艺术。本书不仅是环境设计、风景园林、园林和景观等相关专业学生的重要必修课教材，也可作为公共艺术、室内设计、城市规划、建筑学、观赏园艺、旅游、艺术等相关专业人士和初学者了解中国传统园林设计思维与方法的选修教材和参考资料。

目　录 /Contents

1. 传统园林与现代景观

Traditional Gardens and Modern Landscapes

1.1 传统园林

园林是在一定的地域内运用工程技术和艺术手段，通过改造地形（或进一步筑山、叠石、理水）、种植花木、营造建筑和布置园路等途径创作而成的游憩境域。在中国，园林发展历经商周、秦汉、魏晋南北朝、隋唐宋以及明清时期，艺术体系与艺术风格不断完善和成熟。园林这个概念最早起源于商周的“囿”，“囿”是以畜养禽兽供帝王贵族狩猎和游赏的境域，通常在选定地域后划出范围或筑界垣，囿中草木鸟兽自然滋生繁育，有文字记载的最早的囿是周文王的灵囿（约公元前 11 世纪），灵囿除了筑台掘沼为人工设施外，其他全为自然景物。

秦始皇统一中国后营造宫苑，规模宏伟壮丽。而西汉的园林则是一种山水建筑园，有些贵族、富豪建造了自己的私园，规模比宫苑小，内容仍不脱囿和苑的传统，但以建筑组群结合自然山水成为突出特征，园中有大量建筑组群，其景色还是比较粗放的。这种园林形式一直延续到东汉末期。

魏晋南北朝是思想、文化、艺术上有重大变化的时代，这些变化也引起了园林创作的变革：园林形式由粗略地模仿真山真水转到用写实手法再现山水；园林植物由奇花异木转到种草栽树，追求韵致；园林建筑不再徘徊连属，而是结合山水列于上下，点缀成景。南北朝时期的园林是山水植物和建筑相互结合组成的山水园。

中国园林从建筑宫苑演变到山水建筑宫苑的转折点出现在隋朝，以隋炀帝在东都洛阳营建的西苑最为著名。西苑的风格明显受到南北朝自然山水园的影响，以湖、渠水系为主体，将宫苑建筑融于山水之中。其在布局上继承了汉代“一池三山”的形式，十六组建筑庭园分布在山水环绕的环境之中，成为苑中之园。

唐朝国力强盛，长安城宫苑壮丽，比较著名的有麟游县天台山的九成宫和临潼区骊山之麓的华清宫。九成宫是避暑的夏宫，华清宫是避寒的冬宫。

北宋时建筑技术有了长足发展，亭台楼阁在这样一个山水兼胜的境域中因势布列，与群植的树木花草相映成景。这种全景式地表现山水、植物和建筑之胜的园林，称为山水宫苑。

明中叶至清初，是我国江南园林硕果累累的黄金时期。其典型代表为无锡寄畅园、苏州拙政园、扬州影园，物质环境中寓藏着丰富的精神世界，彰显出苍凉廓落、古朴清旷的特征。而乾隆时期集中兴建的皇家园林与江南私家园林，成为我国园林发展史上并驾齐驱的高峰，被认为是整个封建社会园林创作的总结，全面体现了传统园林的美学思想和文化追求。

中国传统园林是指奴隶社会和封建社会时期的园林。它们经过各个朝代的洗礼以及传统思想文化的影响，逐渐发展成熟，是中国最具特色和蓬勃发展的园林。这一时期的园林为统治阶级服务，以追求景观的视觉美和精神寄托为目的，园林封闭内向，造园家多为工匠、文人和艺术家。中国传统园林是人类文明的重要遗产，是世界艺术之奇观。

1.1.1 构成要素

中国传统园林主要由山石、水体、植物、建筑所构成。山为骨架，水为血液，植物为毛发，建筑为眼睛，它们通过巧妙地布局，相互映衬、相互融合，共同营造出一种天人合一、充满诗意和哲理的环境。传统园林中山石包括筑山、叠山、置石等。筑山是通过大规模地填土填石来建造山体，实现地形的起伏变化，多见于皇家园林。如在颐和园（见图 1–1）的修建中，将开挖昆明湖时取出的土石方就近堆积成万寿山。

图 1–1　颐和园

叠山是用石或土堆叠成假山，大型假山石多于土，小型假山几乎全部叠石而成。传统园林扬州个园（见图 1–2）的四季假山最负盛名：时景是命题，春山是开篇，夏山是铺展，秋山是高潮，冬山是结语。

置石是以山石为材料，通常作独立或附属性的造景布置，主要表现石头的个体美或局部的组合美，能够用简单的形式体现较深的意境，达到“寸石生情”的艺术效果。北宋米芾——11 世纪中叶中国最有名的藏石、赏石大家，他创立了一套理论原则，即“瘦、透、漏、皱”四字诀。

我国传统园林自南到北，几乎无园不水。水体作为园林中重要的构景要素之一，给人以清澈、明净、近人、开怀的感受，具有使视线无限延伸的作用，形成远景线，扩大空间。水体在园林中好似画面的空白，使得园林虚实相生、刚柔相济。

植物既是园中造景的素材也往往是观赏的主题，园林中许多建筑物常以周围植物命名，以描述景的特点。传统园林中植物以不整形不对称的自然式布置为基本方式，在大片落叶树和常绿树的混合配植中，常利用各种树形的大小、树叶的疏密、色调的明暗构成富于变化的景色，如拙政园的倚玉轩、雪香云蔚亭、待霜亭、梧竹幽居亭等（见图 1–3）。

传统园林中的建筑一反宫廷、宅邸的严整、对称布局，完全自由随意，有山有水、高低错落，以这种千变万化的布局强化了与自然环境的嵌合关系。同时，利用木框架结构内部空间与外部空间的通透、流动的可能性，把建筑物的小空间与自然界的大空间连通起来。

春山笋石参差，修篁弄影

夏山太湖石中空外奇，泞潭清冽

秋山黄石丹枫，峻峭依云

冬山宣石似积雪未消

图 1–2　扬州个园

倚玉轩

雪香云蔚亭

待霜亭

梧竹幽居亭

图 1–3　拙政园

1.1.2 艺术特点

传统园林具有四大特点：本于自然、高于自然；建筑美与自然美的融糅；诗画的情趣；意境的含蕴。

（1）本于自然、高于自然。

中国传统园林绝非简单地利用或模仿这些构景要素的原始状态，而是有意识地加以改造、调整、加工和剪裁，从而呈现一个精练、概括的自然，典型化的自然。首先是总体布局、组合要合乎自然。山与水的关系以及假山中峰、涧、坡、洞各景象因素的组合，要符合自然界山水生成的客观规律。其次是每个山水景象要素的形象组合要合乎自然规律，如假山峰峦是由许多小的石料拼叠合成，叠砌时要仿天然岩石的纹脉，尽量减少人工拼叠的痕迹；水池常作自然曲折、高下起伏状；花木布置则是疏密相间、形态天然，乔灌木等也错杂相间、追求天然野趣。

（2）建筑美与自然美的融糅。

中国园林建筑类型丰富，有殿、堂、厅、馆、轩、榭、亭、台、楼、阁、廊、桥等，不论其性质与功能如何，都能与山水、树木构成三个造园要素有机地组织在一系列风景画面中，协调一致，互相映衬，突出彼此谐调、互相补充的积极的一面，限制彼此对立、互相排斥的消极的一面，甚至能够把后者转化为前者，从而在园林总体上使得建筑美与自然美融糅，达到一种人工与自然高度谐调的境界——天人谐和的境界。

（3）诗画的情趣。

传统园林从总体到局部都包含着浓郁的诗画情趣，常常把前人诗文的某些境界、场景具体形象地表现出来，或者运用景名、匾额、楹联等文学手段对园景作直接的点题（见图 1–4），园林规划布局常常借鉴文学艺术的章法手段，使得园林设计有很多类似文学艺术的结构。

图 1–4　文字表达诗画情趣

（4）意境的含蕴。

中国传统园林不仅借助于具体的景观——山、水、花木、建筑所构成的风景来传达意境的信息，而且还运用园名景题、刻石、匾额、对联等文字方式表达、深化意境的内涵

（见图 1–5）。传统园林中表达意境常用的手法有状写、比附、象征、寓意、点题等，表达意境的范围包括情操、品德、哲理、生活、理想、愿望、憧憬等。如此，使游人不仅看到景物，还不断激发情思和联想。

图 1–5　文字表达意境内涵

1.1.3　造园方式

按照园林造园方式的不同，中国传统园林可以分为人工山水园和天然山水园两大类型。

（1）人工山水园。

人工山水园即在平地上开凿水体、堆筑假山，人为地创设山水地貌，配以花木栽植和建筑营构，把天然山水风景缩移摹拟在一个小范围之内。这类园林均修建在平坦地段上，尤以城镇内居多。在城镇的建筑环境里面创造天然野趣的小环境，犹如点点绿洲，故也称为“城市山林”。

它们的规模从小到大，包含的内容亦相应地由简到繁。一般来说，小型的在 0.5 公顷以下，中型的约为 0.5 公顷至 3 公顷，3 公顷以上的就算大型人工山水园了。人工山水园的四个造园要素中，建筑是由人工经营的自不待言，山水地貌亦出于人为，花木全是人工栽植。因此，造园所受的客观制约条件很少，人的创造性得以最大限度地发挥。艺术创造游刃有余，必然导致造园手法和园林内涵的丰富多彩。所以，人工山水园乃是最能代表中国传统园林艺术成就的一个类型。

图 1–6　畅春园

畅春园（见图 1–6）是明清以来第一座离宫御苑，位于北京西北郊东区明代李伟的私家园林“清华园”的旧址上，是大型的人工山水园，是明清以来首次较全面地引进江南造园艺术的一座皇家园林。畅春园以园林景观为主，建筑朴素，多为小式卷棚瓦顶建筑，不施彩绘；园墙为虎皮石砌筑，堆山则为土阜平冈，不用珍贵湖石。其利用“清华园”原有资源丰富水面，创建水景园，水面以岛堤划分为前湖和后湖两个水域，外围环绕着萦回的河道。

（2）天然山水园。

天然山水园一般选择地处城郊、自然景致优美的山林地为基址，再配以花木栽植和建筑经营，包括山水园、山地园和水景园等。天然山水园的建造关键在于基址选择，若选址得当，则能以较小的经济代价获得远胜于人工山水园的天然风景真趣。故《园冶》论造园相地，以“山林地”为第一。清初造园家李渔说：“幽斋磊石，原非得已。不能致身岩下，与木石居，故以一卷代山，一勺代水，所谓无聊之极思也。”

静明园（见图 1–7）是以玉泉山为主要建园基址的皇家园林，属于天然山水园，有玉峰塔、妙高塔等四座不同形式的佛塔，还有“廓然大公”“涵万象”等庭院。其结合玉泉湖设置湖中三岛，岸边有“玉泉趵突”“延绿厅”“镜影涵虚”等景观。

避暑山庄（见图 1–8）是以山林景色见长的大型天然山水园，以朴素淡雅的山村野趣为格调，继承和发展了中国传统园林“以人为之美入自然，符合自然而又超越自然”的传统造园思想，按照地形地貌特征进行选址和总体设计，完全借助于自然地势，因山就水，顺其自然。

图 1–7　静明园

图 1–8　避暑山庄

1.2　现代景观

景观是土地及土地上的空间和物体所构成的综合体，它是复杂的自然过程和人类活动综合作用的结果。景观这一概念看似简单，实则内涵广泛深刻。它包含视觉景象，但不局限于建筑体的配角层面。它不只是广场上的雕塑和纪念物之类，它是为人所使用的场所，具有丰富的使用功能。它虽有地理区域的含义，但远不止是地理科学家用科学方法所能分析和理解的，而是具有更加深刻的内涵，主要是人类的生活体验，是人类在嘈杂喧闹的社会里和广阔无垠的土地上的栖居景观体系，这一庞大的体系决定了其复杂性和有机性，与从微观层面上的花园、城市到宏观层面上的国土、地球都存在着密切的联系，没有任何一部分孤立存在。

1.2.1 作为视觉美的含义——审美性——设计师对于审美的把握

景观是视觉审美过程的对象，不同时期不同国家对美有着不同的标准，美也是发展的动态过程。

勒诺特尔设计的凡尔赛宫苑（见图 1–9）是法国传统主义园林的杰出代表，以大尺度的规整对称式布局为美，气势宏伟的中轴线长 3 000 多米，十字形的大运河占据了中轴线的一半，花坛和雕像沿中轴两侧对称布置，仅雕像就有 1 400 多座，笔直而明显的主路与其他道路以垂直或放射状相交。

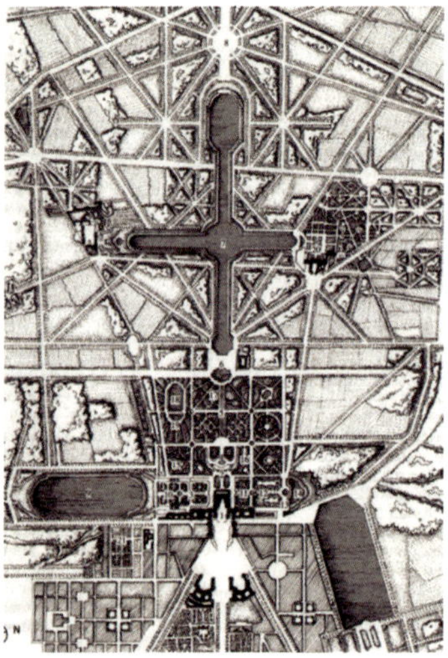

图 1–9　凡尔赛宫苑

英国风景式园林（见图 1–10）的代表人物布朗反对一切对称布局和几何形状，代之以自然的树丛和草地，喜欢用大草坪，做平缓坡度，常用曲折的园路与蜿蜒的河流，注重运用借景的手法，讲究设计空间与周边自然环境高度融合，形成广阔的田园风格。

日本枯山水庭院（见图 1–11）以富有禅意的象征寓意为美，模仿大自然风景，是自然风景的缩景园，以细细耙制的同心圆白砂石铺地象征海洋，错落有致的叠放石景象征岛屿，由岩石和耙制的沙砾以及自然生长在荫蔽处苔地形成的简单构景却能给人强烈的精神震撼。

图 1–10　英国风景式园林

图 1–11　日本枯山水庭院

中国传统园林目前尚存的有拙政园、留园、网师园、沧浪亭、颐和园等，无一例外都以本于自然而高于自然的天人合一自然观和诗情画意的意境含蕴为美的标准，以建筑、山石、洞壑、水、驳岸、路径、桥、墙垣等为园林要素，采用自然式布局，力求曲折多变，尽可能避免平直规整，达到“虽由人作，宛自天开”的审美旨趣，以含蓄、隐晦的方法表达浓郁的意境氛围。

现代景观设计通常以简洁的布局设计为美，在构图上追求平衡简洁，反对传统的严格对称的模式以及矫揉造作的装饰；无论是采用简单的几何形体还是自然线形进行构图，都充分体现了简单明快的现代风格；布局形式亦非常自由，不仅在平面构成上合理运用各种几何图案与曲线，而且在空间上也会形成灵活丰富的变化，这种视觉美的艺术性取决于设计师对于艺术美感的把握。

图 1–12　唐纳喷泉

唐纳喷泉（见图 1–12）位于哈佛大学的一个步行道路交叉口，由极简主义景观的代表人物彼得·沃克设计。沃克在路旁用 159 块石头排成了一个直径约 18 米的圆形的石阵，雾状的喷泉在石阵中央喷射，喷出的细水珠形成飘浮在空间的雾霭，透着些许神秘感。这是一个充满极简精神的作品，彼得·沃克的意图就是将唐纳喷泉设计成休息和聚会的场所，并作为探索的空间及吸引步行者停留和欣赏的景点。简单的设计所形成的景观体验却丰富多彩，伴随着天气、季节及一天中不同的时间产生丰富的变化，使喷泉成为体察自然变化的一个媒介。

1.2.2　作为系统的含义——生态性——设计师对于生态知识的掌握

任意一类景观内部都流动着物质能量和物种更替，有明确的功能与结构，在一个景观系统中，生态关系至少可分为五个层次。

一是景观与外部系统的关系。例如哈尼族村寨的核心生态流是水，哀牢山的山有多高，水便有多长；南太平洋的暖湿气流受到高海拔区域的阻隔，从而液化为雨水，被用于当地居民的劳动实践之后，流入炎热干燥的红河谷地，经过蒸腾作用回归大气，最终形成降雨回至本景观之中。大地本身是一个生命体：地球的各种生物对地表、空气、海洋及地下水进行化学与物理作用，从而维持着地球生命体的正常运行。

图 1–13　梯田

二是景观内部各元素之间的生态关系，即水平生态过程。大气的雨、雾经过哈尼族村寨时，被村寨上方的丛林阻隔，涵养山林，形成延绵不绝的水流。水流被引入寨中，形成寨民共饮的蓄水池，随后流经家户门前的洗涤池，汇聚成为池塘，为养鱼和耕牛沐浴提供场所，最终形成富含养分的水流灌溉村寨下方的梯田（见图 1–13）。这种水平生态过程包括水流、物种流、营养流与景观空间格局的关系，正是景观生态学的主要研究对象。所以，景观内部各元素之间的生态关系是景观设计师应该掌握的重要对象，即土壤、空气、阳光、水、植物、生物等元素的生态内涵和生态关系。

三是景观元素内在的结构本质与功能属性之间的生态关系。例如丛林作为一个森林生态系统，水塘作为一个水域生态系统，梯田本身作为一个农田系统，其内部结构与物质和能量流的关系是一种具有明确系统界限状态下的垂直生态关系，其结构是营养层级与食物链层级的构成成分与构成关系，其功能是物质循环和能量流动。这是生态系统生态学的研究对象。

四是环境与生命之间的生态关系，包括植物个体与个体或与群落之间的竞争、共生关系，是生物对所生存环境的适应、个体与群体的迭代更替的过程。这便是植物生态、动物生态、个体生态、种群生态所研究的对象。

五是人类与其环境之间的物质、营养及能量的关系。这是人类生态学所要讨论的。

与景观设计联系密切的主要是景观内部各元素之间的生态关系和景观元素内在的结构本质与功能属性之间的生态关系，设计师需要掌握相对应的生态学知识以满足景观的生态性需求。

1.2.3　作为使用的含义——实用性——设计师对于人性化的把握

景观设计是为人服务的。现代景观设计有一个显著的特点就是将人的心理需求与行为习惯作为人居环境设计的重要依据。能否最大程度地满足人类户外活动等需求通常是判定设计成败的关键。将人类的行为习惯及心理需求统筹考虑、兼顾人类共有的行为、群体优先是现代景观规划设计的基本原则之一。墨子所说的“食必常饱，然后求美；衣必常暖，然后求丽；居必常安，然后求乐”道出了环境的实用性是其最基本的功能。

要做出实用性的景观，就需要设计师掌握设计场地的基本条件和使用人群生理、心理需求。例如，大学校园的景观设计就要调研大学师生的行为和心理，大学生有学习性、舒适性、交往性、私密性、公共性的空间需求，大学主楼前绿地广场（见图 1–14）种植一些高大乔木形成空间顶面，树荫下几条小径蜿蜒穿越其中，在空间中自由散落些座椅……逐步勾勒出安逸、宁静、生动的交流、休憩空间。

图 1–14　大学主楼前绿地广场

1.2.4　作为栖居地的含义——地域性——设计师对于当地地域特色的把握

景观是大地上的印记，这种印记是人与人、人与自然之间的相互作用所产生的。村庄周边的种植林、水塘，山坡上的层层梯田、蜿蜒小径等，都形成于人类与自然的相互行为、相互选择与相互接纳，是人类对于自然的客观属性的探索与利用。

所以，景观在历史的发展过程中产生了独特的地域性特征，是一个地区的历史脉络、人文景象、自然景观的总和，其包括自然资源、地势条件、气候特征、民俗民风、人的行为活动等，地域性的发展演变决定着景物或景观类型。

景观设计需要从自然、建筑、生活习惯、历史传统、精神层面等领域提炼表达出当地的地域特色，使人们产生认同感。如果你不去北京的四合院住上一段时间，你就不能感受到四合院的文化内涵；如果你不到都江堰的江边走走，你就不明白为什么成都是中国最休闲的城市；如果你不去济南的老街老巷，你就不明白济南人对于泉水和柳树的钟爱；如果你不曾走进福建的农村，你就不会发现户户门前种植中药的场景；如果你未踏进苏州城，怎能明白小桥流水人家的水乡古城特色（见图 1–15）；如果你从未进入蒙古草原，你怎能感受草原的风土人情、草原人的豪迈和对敖包的信仰（见图 1–16）；如果你未曾走进山东的渔村，就不会看到以石为墙、以海草为顶的极具地方特色的海草房（见图 1–17）……只有懂得当地人的生活，才能营造出符合当地人生活的景观空间。

图 1–15　苏州水乡古城

图 1–16　蒙古草原

图 1–17　山东渔村的海草房

现代景观以“简约”为主要原则，包括设计方法的简约、表现手法的简约、设计目标的简约；以“多”为主要特色，这里的“多”是指多方面，包括构成的多要素、时空存在的多维性、评价的多主体性、使用者的多种需求与多方位适应。现代景观与传统园林相比，最根本的区别在于设计的主要创作对象是人类的家，即整体人类生态系统；其服务对象是人类和其他物种；强调人类发展和资源及环境的可持续性。现代景观规划设计是一个人文自然和艺术设计相结合的学科，体现了历史文化精神的延续和人文主义的关怀，为人类与自然的和谐相处作出了重大贡献。

1.3 中国传统园林类型

按照中国传统园林的隶属关系分类，园林可以归纳为若干个类型，其中主要类型有三种：皇家园林、私家园林、寺观园林。除此之外，还有一些类型尚未完全成熟，还不具备明显特征，在传统园林里并非主体亦非主流的园林类型，例如书院园林、衙署园林、公共园林等。

1.3.1 皇家园林

皇家园林（见图 1–18）属于皇帝个人和皇室所私有，古籍里称为苑、宫苑、御苑、御园等。严密的封建礼法和森严的等级制度构筑成一个统治权力的金字塔，皇帝居于这个金字塔的顶峰。因此，凡与皇帝有关的起居环境诸如宫殿、坛庙、园林乃至都城等，莫不利用其规模、气势、建筑形象和总体布局以显示皇家的气派和皇权的至尊。同时，皇家园林不断地向私家园林汲取造园艺术的养分，从而丰富皇家园林的内容、提高宫廷造园的艺术水平。以清代康熙、雍正、乾隆时期最为典型，三代皇帝下江南时将南方私家园林的造园特色及景点意境带回到皇家园林，使其呈现出江南园林的诗情画意。

魏晋南北朝以后，随着宫廷园居生活的日益丰富多样，皇家园林按其不同的使用情况又有大内御苑、行宫御苑、离宫御苑之分。大内御苑建置在首都的宫城和皇城之内，紧邻着皇居或距皇居很近，便于皇帝日常临幸游憩。行宫御苑和离宫御苑建在都城近郊、远郊风景优美的地方，或者远离都城的风景地带。前者供皇帝偶一游憩或短期驻跸之用，后者则作为皇帝长期居住、处理朝政的地方，相当于一处与大内相联系着的政治中心。

避暑山庄（见图 1–19）取自然山水之本色，吸收江南塞北之风光，撷取中国南北名园名寺的精华，仿中有创，其中以“康乾七十二景”最为著名，也是世界上现存最大的传统皇家园林。避暑山庄分宫殿区、湖泊区、平原区、山峦区四大部分，山庄的特点是山中

图 1–18　皇家园林

图 1–19　避暑山庄

有湖、湖中有山、楼台相映、堤岛相连。整个园林的精华部分是在宫殿区和湖泊区，宫殿区布局严谨、建筑朴素，苑景区（湖泊区、平原区、山峦区）自然野趣，宫殿与天然景观和谐地融为一体，达到了回归自然的境界，淡雅庄重，简朴适度。

1.3.2　私家园林

私家园林为民间的贵族、官僚、缙绅所私有，古籍里面称为园、园亭、园墅、池馆、山池、山庄、别业、草堂等。由于封建社会有着严格的等级制度，所以，无论是在规模还是在设施上，私家园林都不能超过皇家园林，也正因如此，中国传统私家园林向着淡雅朴素的方向发展，规模较小，造景常以小见大，虽由人作但宛自天开，书卷气息浓厚，更大程度地体现了中国传统的“天人合一”自然观。

拙政园（见图 1–20）始建于 1509 年明朝正德年间，取名“拙政”是因晋朝《闲居赋》的一段话：“筑室种树，逍遥自得……灌园鬻蔬，供朝夕之膳……此亦拙者之为政也。”其有朴实之人在自家花园为政的巧意。

留园（见图 1–21）以建筑艺术精湛著称，厅堂宏敞华丽，庭院富有变化，是世界闻名的建筑空间艺术处理的范例。现园分四部分，东部以建筑为主，中部为山水花园，西部是土石相间的大假山，北部则是田园风光。

狮子林（见图 1–22）内石峰嶙峋，形状各异，多状似狮子，狮子林因此而得名。狮子林曾名“五松园”，得名源自清康熙时期，当时园内矗立着五棵高耸入云的古松树。狮子林假山是中国园林大规模假山的仅存者，具有重要的历史价值和艺术价值。假山群共有

图 1–20　拙政园

图 1–21　留园

图 1–22　狮子林

9 条路线、21 个洞口，横向极尽迂回曲折，竖向力求回环起伏。洞穴诡谲，忽而开朗忽而幽深，蹬道参差，或平缓或险隘，具有恍惚迷离的神秘趣味。

1.3.3 寺观园林

寺观园林（见图 1–23），主要是指佛寺和道观的附属园林，包括寺观的内部庭院绿化和外部环境绿化，也泛指那些为宗教信仰和意识崇拜而服务的建筑群附属的园林，具有公共性，选址有较强的适应性，注重超脱尘俗的精神审美功能，追求肃穆、庄严、神秘色彩。

寺观园林，论其数量，是皇家园林、私家园林总和的数百倍；论其特色，具有一系列不同于皇家园林和私家园林之处；论其选址，突破了皇家园林和私家园林在分布上的局限，可以广布在自然环境优美的名山胜地，正如宋赵抃诗道："可惜湖山天下好，十分风景属僧家"，也如俗谚所说："天下名胜寺占多"；论其优势，自然景色的优美，环境景观的独特，天然景观与人工景观的高度融合，内部园林气氛与外部园林环境的有机结合，都是皇家园林和私家园林所望尘莫及的。

中国古人在建筑格局上有很深的阴阳宇宙观和崇尚对称、秩序、稳定的审美心理。因此，中国寺观建筑融合了中国特有的祭祀祖宗、天地的功能，是平面方形、南北中轴线布局、对称稳重且整饬严谨的建筑群体。此外，园林式建筑格局的佛寺在中国也较普遍。这两种艺术格局使寺观既有典雅庄重的庙堂气氛，又极富自然情趣，且意境深远。例如重元寺、南京栖霞寺等。

重元寺（见图 1–24）最初叫作重玄寺，始建于 503 年，与寒山寺、灵岩寺处于同一时代，距今已有 1 500 多年的历史，清代改名为重元寺并一直沿用至今，于 2003 年恢复重建。新的重元寺是一个集历史、文化、园林、旅游于一体的现代佛教场所，景区内水上观音阁、重元禅院、药师塔相互呼应，又与佛教文化景点相互配合，形成了以关爱生命、度生护法为宗旨的佛教文化区。

图 1–23　寺观园林

图 1–24　重元寺

1.3.4　书院园林

书院园林是指书院内部建筑附属绿地、庭园绿地及书院外部周边的园林化环境。其功能除游赏外，还包括教育、静修、藏书、祭祀等（古代书院内常有文庙等祠堂建筑群专职拜祭孔子、“二程”、朱熹等文化名家）。

修建书院园林时，主要考虑以下两点：

第一是选址与布局。我国古代书院多数集中于依山傍水区域，山川环绕、碧水清幽，这样的山林胜地有利于修心养性；空间布局规划上具有独特的个性，普遍采用中心对称的方式，按照古法讲求的“礼”制，在中轴线上分别布置大讲堂、藏书阁、祭拜建筑，并以合院别墅的方式产生开敞空间，营造学习的氛围。

第二是构成要素。建筑、地貌、水源、景观石、对联、园林植物是传统书院园林的主要构成内容。建筑是书院的主体部分，以藏书、课堂教学、祭拜等主题活动空间为主。地貌是传统式园林常见的构建技巧，提升场所的多元性和立体感，构建出自然的空间氛围。水源在书院园林中是活力的代表，水的声音能够营造出不同的气氛，与自然元素相融合，令人心旷神怡。景观石可独自造景，也可群石堆砌，还可河边点缀，具有较高的观赏性，是书院园林中常用的艺术元素。对联是我国传统文化的典型代表，具有鲜明的地域特色，其文字精练、含义丰富，能够快速传播，并烘托笔墨氛围。园林植物的选择上，常常将植物类比成某一品格，进而实现人与自然相互融合。

白鹿洞书院（见图 1–25），位于江西省九江市庐山五老峰南麓，始建于唐，盛于宋，沿于明清，距今已有千年历史，留下诗词歌赋 1 000 多首、近代名人字画 400 多幅，是文物保存最多的书院。白鹿洞书院建筑群沿贯道溪自西向东串联式而筑，坐北朝南，为三进院落；方位格局上布局考究，为大四合院建筑；建筑材质结构主要为实木或砖木结构，以明、清建筑为主，屋顶为人字形硬山顶，颇具清雅淡泊之气。

图 1–25　白鹿洞书院

1.3.5 衙署园林

衙署园林是由地方官署或中央机关职能部门牵头兴建的园林。除了常位于衙署内、官府邸宅之后并与之毗邻外，它还常位于府、州或县治所在地或在其城郊，多因水而建。

罨画池（见图 1–26）是我国保存至今且规模较大的衙署园林。它较完整地保存了早期园林的山水结构和风格，积淀了深厚的历史文化内涵，具有极高的学术价值与游憩开发潜力，是中国传统园林中不可多得的瑰宝。在过去的 1 000 多年时间里，罨画池主要以衙署园林的形式存在并不断发展演变。它在唐代称为东亭，至北宋赵抃开凿罨画池后，经苏元老、陆游等文人的经营，奠定了罨画池衙署园林的基础，成为川西胜处。明清罨画池屡有兴废，在蜀人尚文重礼的社会风气影响下，后世官方对罨画池的修葺和重建都以赵陆二公为立意主题。经几代江南文人县令的经营，罨画池逐渐演变成凭吊先贤的公共性纪念园林。

图 1–26 罨画池

1.3.6 公共园林

在一些经济繁荣、文化发达地区，居民的公共活动、休闲活动普遍增多，相应地，城内、附廓、近郊普遍出现了公共园林。它们大多数是利用城市水系的一部分，少数利用旧园林的基址或者寺观外围园林化的环境，稍加整治，供居民休闲、游憩之用。城内的公共园林，有的还结合商业、文娱而发展成为多功能的开放性的绿化空间，成为居民生活和城市结构的一个重要组成部分。明清北京城内的什刹海便是典型的一例。

什刹海（见图 1–27）原名积水潭，又叫作海子，是元代大都城内的漕运码头。其水源来自西北郊的白浮、玉泉诸水，汇入西湖（现在的昆明湖），再经长河至高梁河下游分为两股，分别从和义门南、北城墙下的闸门流入积水潭，再通过玉河与京杭大运河连接。当年的积水潭是一个“汪洋如海”的大水面，南方来的粮船、商船都停泊在这里，沿岸商贾云集。元人有诗句描写其热闹的情景：“燕山三月风和柔，海子酒船如画楼。”

图 1–27　什刹海

本章小结

主要内容：本章主要讲述了园林的概念、分类以及历史进程，并列举了典型园林及园林思想的转变与发展。传统园林强调人与自然的和谐关系，注重意境的营造和体验的感受；而现代景观设计则更加注重环境保护、生态可持续性以及社会需求。另外，本章还对中国传统园林的分类进行了阐述。根据隶属关系，中国传统园林可以分为皇家园林、私家园林、寺观园林、书院园林、衙署园林和公共园林等类型。无论是传统园林还是现代景观，都承载着人类对美好生活的追求和对自然环境的尊重。

重点：本章重点为掌握传统园林的特点与类型。

难点：本章难点为理解传统园林与现代景观的关系。

任务模块

思考任务

1. 以教材内容为导向，结合网络资源和相关书籍，用思维导图的形式分析园林的发展历程及特点。

2. 分析传统园林与现代景观的关系。

3. 分析人工山水园与天然山水园的异同点。

4. 图文并茂地分析书院园林的选址和布局有何特点。

5. 分析皇家园林、私家园林、寺观园林、书院园林、衙署园林和公共园林的典型特点。

6. 说明现代景观的内涵与特征。

拓展任务

1. 分析中国传统园林生成期、转折期、全盛期、成熟期的社会背景、风格特色与典型园林。

2. 分析中国园林为什么一开始就朝着风景式园林的方向发展。

3. 分析现代景观的发展趋势。

4. 整理现代景观典型案例，并图文并茂地分析其设计逻辑。

设计任务

1. 以宋代艮岳为原型绘制现代版的艮岳平面图和透视图。

2. 以宋代独乐园为原型绘制现代版的独乐园平面图和透视图。

章节资源

1. 周维权 . 中国古典园林史［M］. 北京：清华大学出版社，2008.

2. 朱丹，李霞，许哲平，等 . 开放科学视角下风景园林学科的发展和特征［J］. 应用与环境生物学报，2024，30（2）.

3. 陈崇贤，刘康，刘京一 . 风景园林理论知识体系发展溯源［J］. 风景园林，2024，31（3）.

4. 李建伟 . 风景园林面临的挑战、基本属性、发展策略和实施路径［J］. 中国园林，2023，39（10）.

5. 刘臻 . 传统园林艺术在现代乡村景观规划设计中的传承与发展［J］. 中国农业资源与区划，2023，44（5）.

6. 徐琴，杜春兰 . 基于乡村振兴背景的中国风景园林学发展思考［J］. 西南大学学报（自然科学版），2022，44（8）.

7. 陈跃中 . 风景园林发展的当代性特征研究［J］. 中国园林，2017，33（9）.

8. 赵鹏 . 多元参与视角下的古代济南城公共园林研究［D］. 北京：北京林业大学，2020.

2. 内外结合意幽远

Harmonious Integration of Internal and External

2.1 意在笔先，融情入境

2.1.1 意境释义

“内外结合意幽远”的意思是说只有内在理念感情和外部物质环境有机结合才能营造出幽远的意境，这就要求做到“意在笔先，融情入境”。

擅长形象思维、强调感性认识的中国文人非常强调作品的意境表现（见图 2–1），它是文艺作品中所描绘的客观图景与所表现的思想感情融合一致而形成的一种艺术境界。优秀的文学艺术能使情与景、意与境相交融，塑造出鲜明生动的艺术形象，产生强烈的感染力。

图 2–1 意境表现

园林意境，是造园主所向往的，从中寄托着情感、观念和哲理的一种理想审美境界。其中，“意”即主观的理念、感情，“境”即客观的生活、景物。意境产生于两者的结合（见图 2–2），即造园主将自己对社会、人生的深刻理解通过创造性转化倾注在客观的园林物质景物之中，从而使游赏者通过外在的园林形象感受到内在的理念感情，产生情景交融的一种艺术境界。

图 2–2 意境

2.1.2 创作过程

中国园林意境创造有自身的特色和深远的文化根源，是文化素养的流露，也是情意的表达。园林意境的创作过程离不开以下几个要素：

（1）意匠构思。

《园冶》说“意在笔先”，强调在造园之前进行必不可少的意匠构思，也就是确定指导思想、造园意图。园林创作需要预设一个主题思想，不但全园要有一个主题思想，而且各个空间也要有不同情趣但又统一在这个主题思想之下的分主题。所立之意或源于神话传说，或来自名山胜景，或借用诗词歌赋，或托物言志。

（2）造景要素。

通过选择和组织山、水、花木、建筑等造景要素形成物质环境从而表达主题，传达给观赏者以意境的信息。中国园林重视因地制宜、景以境出，对于场地周边环境、场地自身特点的理解是创作的基石。正如陈从周在《说园》中提到的：“造园在选地后，就要因地制宜，突出重点，作为此园之特征，表达出预想之境界。”

与谁同坐轩（见图 2–3）是苏州拙政园西部景区的景点，三面临水，一面靠山，唯有一条绕山小路与其连接。坐在轩中，倍感静谧，一轮明月，习习微风，如此的外在环境所表达的内涵便是苏轼的词“与谁同坐，明月清风我”，大概只有明月、清风和水中我的倒影才能为伴，表达出没有同伴的孤独之情。

图 2–3　与谁同坐轩

（3）造景手法。

要使有限的景象产生无限的意境，需要运用障景、借景、高低错落、曲折迂回等手法组织空间，加强空间的立体感和层次感，产生步移景异的多层景观界面，缓滞游赏速度，延长游览时间，增加意境情趣。

譬如环秀山庄（见图 2–4）中的湖石假山占地不过 200 平方米，出入口直线距离不过 8 米，而其间迂回蜿蜒于石山之中的主线长达 60 余米，将山中石洞、石桌、谷涧、水潭和山外水面、庭园以及园外之景连为一体。这是用叠山增加游径、拓展空间、创造意境的上作。

图 2–4　环秀山庄

2.1.3　意的属性

中国传统园林“意”的内容根据园林属性而定。皇家园林（见图 2–5）属于皇室和皇帝个人所有，所以皇家园林必以皇恩浩荡、至高无上为主要意图，具有浓重的皇权象征寓意。

私家园林（见图 2–6）属于民间的贵族、官僚、缙绅所私有，有的想耀祖扬宗，有的想拙政清野，有的想升华超脱，而多数为崇尚自然、自得其乐、乐在其中。这就是《园冶·兴造论》所谓“三分匠，七分主人”之说。

图 2–5　皇家园林

图 2–6　私家园林

承德避暑山庄的湖泊区（见图 2–7）具有浓郁的江南情调，平原区（见图 2–8）宛若塞外景观，山峦区（见图 2–9）象征北方名山。避暑山庄融南北风景于一园之内，蜿蜒于山地的宫墙宛如万里长城。

图 2–7　湖泊区

图 2–8　平原区

图 2–9　山峦区

承德避暑山庄外有众星拱月的外八庙（见图 2–10），园内外浑然一体。正如乾隆所说：我皇祖建此山庄于塞外，非为一己之豫游，盖贻万世之缔构也。因此，承德避暑山庄以象征民族团结和国家统一为创作意图，借助于造园的规划设计加以体现，并与园林景观完美结合。

溥仁寺

普宁寺

安远庙

普陀宗乘之庙

殊像寺

广缘寺

须弥福寿之庙

溥善寺

图 2–10　承德避暑山庄外八庙

明嘉靖年间御史王献臣仕途失意归隐苏州后建造拙政园（见图 2–11），名字取自于晋朝《闲居赋》的一段话："筑室种树，逍遥自得……灌园鬻蔬，供朝夕之膳……此亦拙者之为政也"，暗喻自己把浇园种菜比作自己的政事。

网师乃渔夫、渔翁之意，又与"渔隐"同意，含有隐居江湖的意思；网师园（见图 2–12）便意谓"渔父钓叟之园"。园内的山水布置和景点题名蕴含着浓郁的隐逸气息。

图 2–11　拙政园

图 2–12　网师园

2.2　天人合一，顺应自然

“天人合一”是中国古典哲学的核心观念，也是中华民族的传统哲学观，是中华文明永恒的命题。所谓“天”，并非指神灵主宰，而是“自然”的代表。

2.2.1　儒家思想与中国园林

（1）等级与秩序。

儒家是对中国影响最大的流派，主张以礼制来维系社会，尊重宇宙中原有的规则和秩序，讲究长幼尊卑、君为臣纲，并与政治观紧密联系。这深刻体现在皇家园林布局之中，作为皇家宫苑的避暑山庄具有鲜明的等级与秩序的特点。

图 2–13　承德避暑山庄所处地理位置

承德避暑山庄所处位置北有层峦叠翠的金山作为天然屏障，东有磬锤峰毗邻相望，南有僧冠诸峰交错南去，西有广仁岭耸峙；武烈河自东北折而南流，狮子沟在北缘横贯，二者贯穿东北，使这块山林地崛起在“丫”字形河谷中（见图 2–13）。环抱的群山呈奔趋之势，有“顺君”之意，众山犹如辅弼拱揖于君王左右的臣僚，后来所建的“外八庙”与山庄呈“众星拱月”之势，正合康熙“四方朝揖，众象所归”的政治需求。

（2）比德造物。

在儒家看来，“仁者乐山，智者乐水”。大自然山林川泽之所以会带给人们美感，是因为它们的形象能够表现出与人的高尚品德相类似的特征。故人们常用山水花木的某些特征来隐喻人的思想情操。

以《红楼梦》为例，在大观园中，宝玉及诸钗所居之各个院落中有许多特殊的植物，可取其象征意义：潇湘馆（见图 2–14）中竹影斑驳，有芭蕉、梨花，表黛玉心性高傲、才情超群，而湘妃竹的典故及梨花带雨之联想更表现了她爱哭的秉性；宝玉所居之怡红院（见图 2–15），绿柳周垂，与潇湘馆万竿悠竹遥映，院内海棠芭蕉并植左右，象征宝钗、黛玉之对峙，亦表示了他追求才情与德性“兼美”的理想……

图 2–14　潇湘馆

图 2–15　怡红院

2.2.2　道家思想与中国园林

道教崇尚自然之美，庄子在《齐物论》中说：“天地与我并生，万物与我为一。”这是一种天地与人融为一体的美。大自然之所以美，是因为它最充分、最完全地体现了这种“无为而无不为”的“道”。而中国传统园林之所以崇尚自然、追求自然，实际上并不在于对自然形式美的模仿本身，而是在于对潜在自然之中“道”与“理”的探求。道家推崇乐尚自然、逍遥虚静、无为顺应、朴质贵清、淡泊自由、浪漫飘逸，在道家思想影响下，以自然仙境为造园艺术题材的园林模式便应运而生，主要包括昆仑山模式、蓬莱模式和壶天模式。

（1）昆仑山模式。

昆仑山被中国人作为可望而不可即的神山仙境加以描绘。昆仑山模式突出的正是高、奇、险，给人崇高壮阔的感受，多应用在寺观园林中：为了突出主体建筑的神圣地位往往把大雄宝殿等主要殿堂建于寺观园林的制高点上，并抬高殿堂基座，使这些主体建筑形成昆仑之势，统领全寺其他附属建筑。例如，山西五台山清凉寺（见图 2–16），进入山门拾级而上，经天王殿再到大雄宝殿，一路全是登攀，到大雄宝殿后，游人便会发现这里是全

图 2–16　山西五台山清凉寺

寺院地势最高的地方，东西配殿及天王殿、藏经阁等附属建筑形成拜月之势，大雄宝殿与其他建筑之间又以漏墙、游廊连接，既增加了寺观的层次美又在感觉上拓展了空间，游人在山门处远观，只见琼楼出云海，宛然一仙景。

（2）蓬莱模式。

据《史记》等典籍记载，东海之上有三座仙山，名曰“蓬莱、方丈、瀛洲”，山上有仙人居住。汉武帝在建章宫的西北部开挖的相当宽广的人工湖，名叫太液池，池中堆筑三个岛屿，象征东海的蓬莱、方丈、瀛洲三仙山。这是历史上第一座具有完整的三仙山的仙苑式皇家园林，自此“一池三山”的海上仙岛成为园林意境造物主要模式。

（3）壶天模式。

道教以“壶天”或“洞天”比喻仙境。“壶中仙境”在道家的想象中是无忧无虑、长生不老的福地，“壶”即葫芦，葫芦是神仙境界的象征，同时古代行走四方的医者、道人多以葫芦装药，葫芦由此成为济世救人的象征。道教中的壶天模式，在古典园林中有以下三种表现方式：

第一，壶天命名。

园林主人将园林中的某些景点以壶天来命名（见图 2–17），以此来表明志向，表达一种

武夷山“止止壶天”

扬州个园抱山楼“壶天自春”

北海公园濠濮间“壶中云石”

北海公园“一壶天地亭”

图 2–17　壶天命名

出世的逍遥心态。例如，武夷山有“止止壶天”的石刻，扬州个园抱山楼上写着“壶天自春”，而北海公园濠濮间爬山廊上写着“壶中云石”，琼华岛后面甚至还有一座“一壶天地亭”。

第二，壶天形态。

园林中门洞、花窗、铺地中的瓶状构图，要么直接是葫芦形（见图 2–18），要么由葫芦演化而来，亭子的宝顶也有不少为葫芦形，都有壶中仙境的含义。

图 2–18 壶天形态

第三，壶天空间。

壶中仙境是小豁口、大内腔的“葫芦”形对比空间结构，这在传统园林中有诸多体现，力图营造小豁口与大内腔的结构，以达欲扬先抑、曲径通幽的意境。例如，苏州留园的入口处设计极为鲜明地表达了壶中仙境的意象，大小空间的对比带来了极为强烈的空间感。南京的瞻园，它的入口部分处理也是根据大小对比来组织空间的（见图 2–19）。如此，实际上很小的景致也会给人以开阔之感。

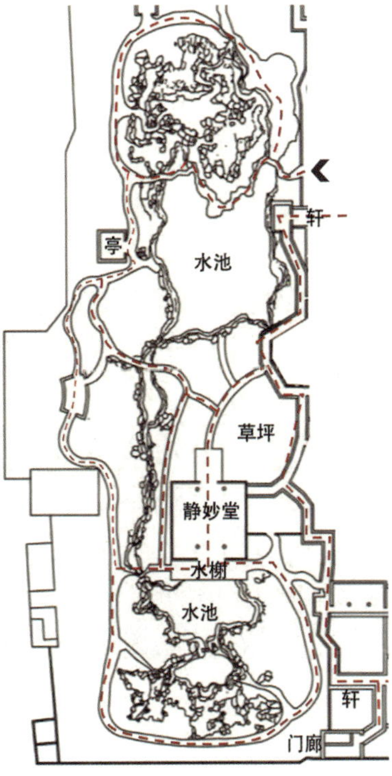

图 2–19 南京瞻园壶天空间

2.3 文景相依，诗情画意

文学是时间的艺术，绘画是空间的艺术，园林将诗词绘画融于景物，因而是时空综合的艺术。园林从总体到局部都包含着浓郁的诗、画情趣，即所谓“诗情画意”。

2.3.1 以诗入境

以诗入境体现在造园中的两个方面：其一，园林内的重要建筑物悬挂匾额楹联直接表达意境主题（见图 2–20）；其二，将匾额楹联蕴含的诗词物化于园林之中。正如《红楼梦》里的贾政巡视大观园时所说：“偌大景致，若干亭榭，无字标题，也觉寥落无趣，任有花柳山水，也断不能生色。”

图 2–20 园林中的匾额楹联

横的称匾，竖的称额。匾额一般悬挂在建筑入口上方门顶上，或挂在厅堂内正面墙壁或梁架正中下。楹联或刻或挂在正门两侧的楹柱上。

网师园殿春簃小屋（见图 2–21）的匾额题为“殿春簃”，楹联为“巢安翡翠春云暖，窗护芭蕉夜雨凉”。这是写景抒情联：翡翠般的丛竹上安筑着鸟巢，春意暖洋洋；阔叶芭蕉掩映着窗户，雨夜使人感到了凉意。在小院中，翠竹、芭蕉、春云、花窗、鸟巢、夜雨共同构成了一幅充满朦胧美的春雨图，烘托了书斋小屋恬静的氛围，有虚有实，冷暖相对，动静结合，情趣盎然，引人浮想联翩。

图 2–21 网师园殿春簃小屋

拙政园雪香云蔚亭（见图 2–22）的匾额题为“雪香云蔚亭”，楹联为“蝉噪林愈静，鸟鸣山更幽”。匾额以“雪香”喻梅，以“云蔚”喻树木茂密。该亭四面遍植梅花，暗香浮动，且有枫、柳、松、竹交相争荣。“蝉噪林愈静，鸟鸣山更幽”以动来反衬静，几声蝉噪、几声鸟鸣更显示出其林之静、山之幽。居高临下，环览园中之景色，远方水波潋滟、万树隐现，近处山上树木葱茏、百鸟和鸣，山下溪涧环流、芦苇摇曳，颇有野山旷湖之意。

图 2–22　拙政园雪香云蔚亭

留园“佳晴喜雨快雪之亭”（见图 2–23）匾额来自三首不同的诗词，“佳晴”取“佳晴有新课”诗句，“喜雨”取《春秋谷梁传》中“喜雨者，有志乎民者也”句意，“快雪”取自王羲之《快雪时晴帖》。匾额语调轻快活泼，汇集了四时景色。

图 2–23　留园佳晴喜雨快雪之亭

位于颐和园的知春亭（见图 2–24）名称取自宋诗“春江水暖鸭先知”之意，不过将“鸭先知”变成了“亭先知”。每当冬去春来，昆明湖春水荡漾，小岛上春柳成烟，是最能展现知春亭绰约风姿的时候。

留园的闻木樨香轩（见图 2–25）位于黄石假山之上，山上桂树丛生。八月中秋，月桂盛开，香飘四方，故取名“闻木樨香轩”。轩内对联“奇石尽含千古秀，桂花香动万山秋”，生动描绘了此处怪岩奇石、岩桂飘香的迷人景象。

留园五峰仙馆北厅（见图 2–26）楹联为：读书取正，读易取变，读骚取幽，读庄取达，读汉文取坚，最有味卷中岁月；与菊同野，与梅同疏，与莲同洁，与兰同芳，与海棠同韵，定自称花里神仙。这是抒情写志联。作者巧妙地运用五本古代名著对仗五种花卉植物，借花喻人，表明心志。联句对仗工整、刚柔相济，堪称情趣高雅、清丽绝俗的佳联。

图 2–24　颐和园知春亭

图 2–25　闻木樨香轩

图 2–26　留园五峰仙馆北厅

琳琅满目的匾额楹联将文学艺术与造园艺术有机地融合在一起，使园林景观得以托物升华，相映成辉。如果没有异彩纷呈的匾额楹联藻绘点染，园林景观会黯然失色。

2.3.2　以画入境

中国的山水画重写意，以最简约的笔墨表达概括、抽象的大自然。园林创作亦如此，可以说中国园林是升华的山水画以三度空间的形式意境化地进入现实生活中。

王维的《山水诀》中有“主峰最宜高耸，客山须是奔趋，回抱处僧舍可安，水陆边人家可置”之说，这是他在绘画中总结的理论。古代画家作画是以自然为原素材，加之自我的理解改动形成独特的构图，从而将绘画中总结的构图与布局应用于现实造园中。

以画入境还可以体现在景观的细微之处，例如屋檐起翘（见图 2–27）、植物组合（见图 2–28）、山石运用（见图 2–29），而园林环境中尤以山石的堆置更能体现画中技法的表达。山水画的皴法是用以表现山石纹理的技法，是古代画家在长期艺术实践中根据山石不同的地质结构而概括创造出来的表现程式。园林的山石掇叠，往往体现了不同的皴法美。

图 2–27　屋檐起翘

图 2–28　植物组合

图 2–29　山石运用

2.4 摹仿胜景，诗化自然

写仿名胜是中国古代皇家园林的重要特色，到清代成为皇家园林造园的主要内容之一。这里一方面有皇帝“移天缩地在君怀”的要求，另一方面，就创作而论，也是一种摹仿更新的创作方法。

“仿临”的含义并不是一成不变地照抄照搬，而是吸取成功经验使之再进一步地提高，或者取其意而变换另一种表达方式，只是从某一种著名景物中获得创作的启示或者灵感而已，更多地还是创作。

2.4.1 再现经典主题

传统园林的景名和题名是以文学语言的形式表达的一种概括性的景观主题。这些典型性的景名或题名被广泛地使用，进行再创作。这种再创作往往是相同的景观要素引发人们的联想，再创作的景观形态和原有的景观形态有很大的差别。如著名的西湖十景（见图 2–30），数百年来家喻户晓，为苏堤春晓、柳浪闻莺、花港观鱼、曲院风荷、双峰插云、雷峰夕照、三潭印月、平湖秋月、南屏晚钟、断桥残雪。这十个景名点出了西湖十景的主要成景要素。

图 2–30　西湖十景

皇家园林圆明园并没有照搬西湖十景的景观形态，而是采用相同的景观要素结合园林整体布局进行安排（见图 2–31），如平湖秋月、曲院风荷、柳浪闻莺、花港观鱼，重点在秋月、荷花、柳树、游鱼。

图 2–31　圆明园景观

狮子林是苏州的名园，元代画家倪云林曾绘《狮子林图》。乾隆南巡时三次游览此园，并且展开图纸对照观赏。《狮子林图》中所表现的狮子林重点为叠石假山和参天古树的配合成景，而乾隆咏狮子林为“一树一峰入画意，几弯几曲远尘心”，实际上也是对倪云林所绘意境的赞赏。因而先后在北京的长春园、承德的避暑山庄和盘山的静寄山庄内分别建置的小园林亦名“狮子林”，它们并不完全一样，也都不同于苏州的狮子林：苏州狮子林的石林团于围墙之内，有些封闭壅塞。比较之下，水面疏阔、石林依山布置的长春园狮子林反而比苏州的狮子林更有意趣，但在以假山叠石结合高树茂林作为造景主题这一点上却是一致的，并且其主要厅堂朝向主水面，石林与地形结合布置在东侧。

2.4.2 具体仿建名园

写仿名胜，很多是对自然风景中一些典型的山水结构的写仿。山嵌水抱的自然形态有优越的成景条件，同时也是中国古代哲学阴阳对立统一思想在自然界的形象反映，因此成为地形改造的理想模式。其中有代表性的是清漪园（颐和园前身）对西湖的写仿（见图 2–32），不少学者对此作过论述。该园利用原有环境条件按照自然界中理想山水结构进行的地形改造（见图 2–33），与作为其原型的西湖相比更为理想化。

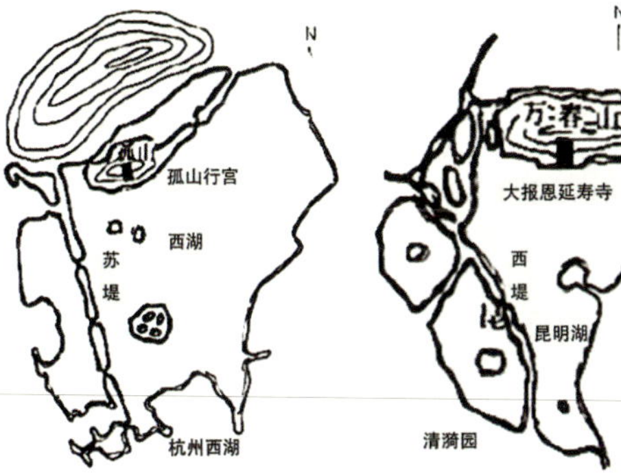

图 2–32　清漪园对西湖的写仿

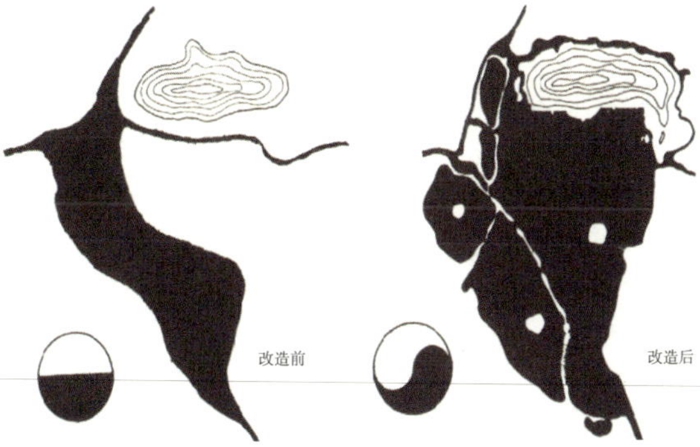

图 2–33　颐和园改造前后

以某些江南著名的园林作为蓝本，大致按其规划布局进行仿建，最出色的一例是颐和园内的惠山园之仿无锡寄畅园。但即使仿建，也并不是单纯摹仿，用乾隆的话来说乃是“略师其意，就其自然之势，不舍己之所长”，重在求其神似而不拘泥于形似，是运用北方刚健之笔抒写江南柔媚文情的一种更为难能可贵的艺术再创造。

惠山园（见图 2–34）选择在万寿山东麓仿建是乾隆反复权衡的结果。寄畅园是一座山林园，近倚惠山，远借锡山。颐和园与之类似的位置在万寿山东麓：此地背倚万寿山，远借玉泉山，并有玉峰塔对应龙光塔。基址北侧的土丘和巨大岩石形似万寿山的余脉，后溪河则类似第二泉，引入后利用山岩高差营造出幽谷清涧，最后在低洼处汇成池潭，从而成为全园水系的有力收束。

图 2–34　惠山园

确定选址后，园内的布局并未全部照搬寄畅园，而是按功能需求和基址条件做了取舍和调整。首先，寄畅园包括起居区和游憩区；乾隆游赏清漪园对起居需求较少，因此仅写仿了寄畅园的游憩区而舍弃了起居区。其次，寄畅园游憩区山林在西、水池在东，惠山园则扭转了 90 度，形成山林在北、水池在南的布局；寄畅园南北狭长的水面在惠山园的仿建中也顺应基址调整为曲尺形。

无论哪个层次上的写仿都不是照搬照抄，而是有生命力的再创作。写仿名胜作为创作的思路，是根据环境特征，借鉴已有的景观原型，使用典型化的景观处理方法建立环境典型化的特征，形成有特定意境的园林创作方法。这种写仿可以在景观要素、景观结构、景观意境等不同层次上综合进行。

2.5 现代演绎与现代景观

追求意境是中国园林的审美特性。传统园林意境的渊源和传统文化有着密切的关系；现代景观意境的营造更多地表现为文化的传承，有“自强不息”“革故鼎新”“扶危济困”“天人合一”“以人为本”“民惟邦本”“居安思危”“与人为善”“和而不同”等优秀传统文化的底蕴，也有在中国革命、建设、改革的伟大实践过程中孕育的井冈山精神、长征精神、延安精神、西柏坡精神、雷锋精神、大庆精神、“两弹一星”精神、航天精神、北京奥运精神、抗震救灾精神等，还有在短短几十年的社会主义实践中创造的中国道路、中国模式、中国奇迹等社会主义先进文化。

在当今这个文化互渗的背景下，我们要捍卫中国文化，民族的才是世界的，成功的设计师的设计一定是基于对本土文化的关怀。作为文化表征的现代景观是中国文化重要的传承方式。通过显性和隐性方式进行直观输入与潜移默化的文化传播，让文化通过现代景观说话，如此，我们的景观才能再创辉煌。

2.5.1 以喻延意

传统园林造景中常借山水花木形成物境，现代时代精神虽然在不断地变化，但现代景观设计师仍可以顺应人们的心理加以引申、阐释，尝试运用隐喻或象征的手法来完成对历史的追忆，构建环境的场所意境，使环境由此更具有“叙事性”，使人体验到场地中隐含的精神特质。

在中山市岐江公园（见图 2–35）旧船厂遗址改造和再利用工程中，设计者就用了此种手法。设计场地的前身是中山市著名的粤中造船厂，作为社会主义工业化发展的象征，

图 2–35　中山市岐江公园

它具有特殊的意义。特定历史背景下，几代人艰苦的创业历程在这里沉淀为弥足珍贵的城市记忆。

设计中保留了长期闲置、侵蚀已久的厂房和机器设备，作为船厂的历史遗迹。设计者在保留的基础上加以美化，大胆用色，使其摇身一变成为一件件工业艺术品，以鲜艳的色彩和独特的造型给人造成强烈的视觉冲击。

场地中看似凌乱的直线路网、巨型塔吊的震撼、白色柱阵的排列，以及包含在机器各个部位的几何造型，满足了这个时代人们简洁、秩序和张扬的审美追求。但细细品味，它们又都象征着不同的意义。

挺拔的白色柱阵象征着工人们众志成城的坚定信念，巨型塔吊默默诉说着历史，直线路网引导游人体验工业时代切割机的无情和钳机的一丝不苟（见图 2–36）。简单的造型、浓烈的色彩让人难以忘记，向人们昭示着船厂抹不掉的过去。人们置身于此，心绪可以游弋到那个火红的年代，仿佛还能看到电焊枪的火光四溅。现代化的景观形式的表象中蕴含着独到的意境美。

图 2–36　中山岐江公园改造工程

2.5.2　以形延意

现代景观中对于意境的营造，可以通过对传统造园要素的解构将各个造园要素分离开来，结合现代化的材料对其进行简化，提炼出既富有现代气息又不失传统韵味的景观要素。如上海世博会亩中山水园中的叠石园（见图 2–37），设计者通过对山石的解构，进而对其简化、提炼再重构，与山体地形相结合，应用传统园林中的叠石手法，以现代设计语言概念化地再现传统叠山之势，营造出“每逐青溪水，随山将万转，趣途无百里，声喧乱石中”的景观意境和氛围。

亩中山水园在空间的划分上，利用传统景观中谦谦君子的竹林代替墙体，在各个“亩园”相邻边界起到分隔景观空间的作用，进而形成软质墙体，起到庇荫遮挡的作用，营造出竹林通幽的景观意境（见图 2–38）。

图 2–37　叠石园

图 2–38　竹林通幽

2.5.3　以隐延意

壶天模式历来就有“壶中见天地，螺蛳壳里做道场”的神奇，现代景观中仍然可以借用壶天模式营造现代园林景观意境。

图 2–39　富春山馆

江南私家园林处于闹市之中，主要供少数地主文人欣赏，“隐、蔽”是自然而然的要求；而现代景观公共性较强，一般处于新城规划之中。富春山馆（见图 2–39）庞大的体量独占一块街区，从外表隐蔽几乎不可能，建筑师王澍便从入口序列入手。一座水平延伸的低矮混凝土门房为入口，门房前一块横长无字碑，一座博物馆甚至没有名字，似乎不拒绝也不邀请。进入门房，并没有宽阔的纪念性广场，取而代之的是一条河流环绕建筑；顺河流望去，山房、山亭、楼阁疏密有致排布，长长的跨河曲桥中部还有一沙洲；穿过曲桥，又是一矩形庭院，三面围合柱廊厅，既可框景也适宜静思，遥看山体与富春江，若有当年黄公望眺望之意；再往前是一座混凝土门洞，门洞后是上山的楼梯，一扇黑色玻璃门处在一旁，是建筑入口。庭院、门洞、入口之间相互扭转，有留园入口之意。

可见，当代公共性建筑即使不能做到全园的隐蔽，优秀的建筑师也会在局部让参观者有洞天福地之感。另外，水岸山居（见图 2–40）隔岸问山的狭小入口和俯身向下的大屋顶、红砖美术馆（见图 2–41）如险峻山谷般的窄阶梯和层层重叠的八连洞以及用花格墙藏的天台等均有误入桃花源之感。

图 2–40　水岸山居

图 2–41　红砖美术馆

2.5.4　以材延意

现代景观设计运用各种现代材料营造意境，穿插运用钢材、木材、玻璃、有色金属、钢筋混凝土等，形成风格统一又丰富多样的空间格局，同时对传统的设计元素进行当代性探索。例如，北京奥林匹克中心区的建筑（见图 2–42）侧重说明中国传统文化的“礼乐”相映的人文真谛，利用一些传统的设计元素和现代的材料，如钢材和有色金属，把传统与现代、人文与自然紧紧地联系在一起。其中的下沉花园 3 号院“礼乐重门”的红墙设计就是运用钢构支起上百面的“响鼓”，鼓面可敲，鼓内藏灯，白天是鼓，夜晚是灯，鼓、灯的结合为奥运搭起了喜庆的红门。铜绿色的钟楼，在钢架上挂满礼乐的钟磬铃，随风摇摆，清音绕梁。现代材料的运用和传统意境营造的碰撞，使下沉花园的中国元素主题表现得淋漓尽致。

图 2–42　北京奥林匹克中心区建筑

2.5.5　以动延意

由于现代社会和自然运动、变化的特点，决定了现代人对“动感”“变化”的偏爱，以及讲求“独特”“强烈”的感官效果，从静态自然向动态自然拓展，将景观环境作为一个动态变化的系统来对待，相比一成不变的如画景色，设计的重心在于建立一个自然的过程。例如，成都来福士广场水景（见图 2–43）中，“时间被困在水里”是想要表现的意境。其设计灵感来自杜甫诗文《咏怀古迹五首・其一》：“支离东北风尘际，漂泊西南天地间。三峡楼台淹日月，五溪衣服共云山。”该设计对三峡中“西陵峡”“瞿塘峡”“巫峡”的形象进行了符号式解读，最终呈现三组动态水景。这看似简单的“三峡”水景，实则蕴含了震撼人心的力量。西陵峡被称作“十二月之泉”，以时间为设计概念，水流从 12 个出水口喷入水池，每个出水口代表阳历的一个月。瞿塘峡取名为“三十天之泽”，场地中设有 30 个自由分布的喷泉，寓意着一个月中的 30 天，日复一日生生不息。巫峡则被命名为“一年之溪”，湍流不息的水流如同不止的光阴，366 块石块及玻璃块代表闰年 2012 年的每一天；水景瀑布按一年的每一个月分为 12 行水平排列，各行每隔 7 个石块稍有错位，从而代表每一星期，每个星期一以发光玻璃块作为标志，24 个尺寸较大的错位石柱代表阴历里的二十四节气，从水景的布局里人们可以解读出阴历和阳历的分配，水在池中流过，像时间一样流逝着。

图 2–43　成都来福士广场水景

2.5.6 以感延意

感官是意境结构的要素之一。通过各感官之间的联觉，可以有效构建意境，如“以耳代目”“听声类形”“音乐色彩”等就是在听觉影响下产生另一感觉的审美通感。视听同构，可加强审美对象在时间上和空间上的同一性，因此对于现代景观环境的意境构建是有意义的手法。

现代景观环境中依然交织着自然环境的种种音响——风声、雨声、潺潺流水声、蝉噪鸟鸣声等，而且与传统园林不同的是，现代景观环境可以借助科技手段来制造各种音响或音乐。例如，泰州溱湖景区中主入口建筑（见图 2–44）外立面设计了一系列表面有一定反射度的活动金属风动板，早晨，太阳从东方升起，风动幕墙的表面直接反射晨光的景色；傍晚，太阳落下，幕墙上又会映出对面楼栋夕阳洒下的余晖。时间对环境产生的动量变化，时时刻刻交映在这幕墙上，与空间环境共生在溱湖的四季变化中。风动板整齐排列，风吹过时建筑表面仿佛与溱湖水面共起涟漪，并随着钢片的碰撞产生声音，人们可以从视觉与听觉方面同时感受场所中风的存在与力量。

图 2–44　泰州溱湖景区中主入口建筑

本章小结

主要内容：本章主要聚焦于探讨中国传统园林的创作过程、设计思想、意境表达和中国传统哲学观念在其中的影响，以及现代景观设计中的意境营造等。园林意境的创作过程包括意匠构思、造景要素和造景手法。中国传统园林“意”的内容根据园林属性和主题而定，能够表达出皇权寓意、拙政清野、升华超脱、自然享乐等不同的主题和情感。此外，儒家思想和道家思想在中国园林中产生了重要的影响，儒家思想强调等级和秩序，体现在园林布局中；而道家思想则崇尚乐尚自然，其中昆仑山模式、蓬莱模式和壶天模式都是以自然为主题的园林模式。中国传统园林从总体到局部都包含着浓郁的诗、画情趣，即所谓

“诗情画意”。古人习惯将诗词和绘画融合于景物之中，园林中的匾额楹联和景观细节可以表达出中国园林艺术的升华之处。同时，本章还介绍了中国古代皇家园林的一个重要特色——写仿名胜，强调了创作思路的借鉴和创新，实现了从古到今的文化传承。最后，提到现代景观设计，现代景观设计不仅注重艺术形式的表达，更追求意境的营造，主要通过以喻延意、以形延意、以隐延意、以材延意、以动延意、以感延意六种表达方式来表达意境。通过现代元素与自然元素的巧妙组合，构建具有丰富情感和深刻内涵的意境场景，兼顾传统和现代，空间感受强烈，意境深远。

重点：本章重点为如何更好地理解中国传统园林的创作过程和设计思想以及园林意境的营造。

难点：本章难点在于园林意境现代表达的过程中需要综合考虑地方特色、自然环境、文化多样性、生态技术性、传承与创新等相关内容。

任务模块

思考任务

1. 中国传统园林意境的创作过程包括哪些内容？请分别概括。

2. 中国传统园林意境的“意”的内容取决于什么？请举例说明不同属性的园林所注重的主题意图。

3. 儒家思想和道家思想在中国传统园林中各自体现在哪些方面？请具体说明。

4. 道家思想影响下产生了哪些园林模式？它们的特点是什么？在中国传统园林设计中有哪些体现？

5. 以“诗”入境体现在中国传统园林造园的哪几个方面？请分别描述。

6. 图文并茂地解释以“画”入境在景观细微之处的表现。

7. 借鉴已有的景观原型和使用典型化的景观处理方法是构建环境典型化特征的重要方法。针对这个方法，请详细说明再现经典主题和具体仿建名园两个方面的现实意义。

8. 思考泰州溱湖景区幕墙是通过怎样的方式体现不同时节自然变化的。

拓展任务

1. 小组讨论园林意境的创作过程，并绘制思维导图。

2. 简要绘制几张图，展示山水园林细微之处“以画入境”是如何体现的。

3. 书写惠山园万寿山东麓的仿建过程。

4. 理解分析“追求意境营造是现代景观设计的重要趋势”这句话。

5. 探讨中国传统园林中的儒家思想和道家思想在设计中的体现，选取一个园林建筑，通过分析园林布局、景观细节、匾额楹联、传统文化元素等方面，阐述设计师如何巧妙运用儒家或道家思想来营造意境。

设计任务

1. 选取一个现实中的场景，比如小区内的花园、公园等，利用本章所讲的意境营造方法，尝试进行设计创作，展示中国传统园林的魅力。

2. 选取当地一处典型传统园林，制作一个中国传统园林微缩景观模型，可配合手绘或3D设计模型。

章节资源

1. 周维权．中国古典园林史［M］．3版．北京：清华大学出版社，2008.

2. 彭一刚．中国古典园林分析［M］．北京：中国建筑工业出版社，2008.

3. 林墨飞．走向新景观：当代中国景观设计的思想演进与创作实践［M］．北京：人民出版社，2020.

4. 王钰．康熙朝避暑山庄三十六景园林意境与空间理法探析［D］．北京：北京林业大学，2020.

5. 王瑞强．国画元素与古典园林意境的共通之处：以纪录片《中国古典园林之旅》为例［J］．林产工业，2023，60（10）．

6. 谢敬鹏．探析国画意境与传统古典园林意境的共通之处：评《中国古典园林设计与表现》［J］．中国食用菌，2019，38（9）．

7. 夏宇，陈崇贤．中国传统园林意境的循环演进模式和变迁［J］．中国园林，2015，31（10）．

8. 蒋维乐，刘琰．论书法在中国古典园林意境营造中的作用［J］．西安交通大学学报（社会科学版），2014，34（4）．

9. 谷光灿．论中国古典园林意境［J］．中国园林，2014，30（6）．

10. 娄娟，娄飞．“须弥芥子、自然清静”：河南风穴寺园林意境浅析［J］．生态经济，2013（8）．

11. 张莉莉，苏允桥．浅析中国古典园林意境的文化内蕴［J］．东岳论丛，2011，32（8）．

12. 许悦，丁山．现代园林意境的营造研究［J］．安徽农业科学，2009，37（14）．

13. 孙英，高光林，丁志敏．试述竹在园林意境创造中的作用［J］．农业考古，2008（3）．

14. 陈展川，侯则红．现代景观设计中意境的创造探讨［J］．安徽农业科学，2007（20）．

15. 韩小晶，段渊古．浅析北京园林之意境［J］．安徽农业科学，2007（13）．

16. 樊磊，闫红伟，吕伟军．浅谈意境［J］．安徽农业科学，2007（6）．

17. 李志红．王维辋川别业的园林意境［J］．郑州大学学报（哲学社会科学版），2006（1）．

18. 刘郁川．中国古典文人园林意境：探析［J］．装饰，2006（1）．

19. 李辉．妙处难与君说：试论古典园林意境在大众旅游中的消褪［J］．艺术百家，2005（2）．

20. 刘海艳，王学勇，霍拥军．中国古典园林意境的创造［J］．山东农业大学学报（自然科学版），2004（2）．

21. 李岚，李新建．当前传统私家园林意境的隐退［J］．新建筑，2003（6）．

22. 张石生．园林植物与园林意境［J］．北方园艺，1999（2）．

23. 金荷仙．寺庙园林意境的表现手法［J］．浙江林学院学报，1998（4）．

24. 张涛．中国佛教园林的意境营造及其现代启示［J］．中国宗教，2022（4）．

25. 杨云峰，熊瑶．意在笔先、情境交融：论中国古典园林中的意境营造［J］．中国园林，2014，30（4）．

26. 刘婷婷．意境美学在现代园林景观中的应用［J］．建筑结构，2022，52（1）．

27. 唐莉英．诗情画意的中国古典园林与现代景观的意境营造［J］．安徽农业科学，2011，39（36）．

28. 徐欣欣．道家思想对景观设计的影响［D］．长春：东北师范大学，2010.

29. 矫克华．现代园林景观设计审美与儒家文化思想研究［J］．中国人口·资源与环境，2012，22（S1）．

30. 周雅．道家思想与建筑环境营造研究［D］．天津：天津大学，2014.

31. 郑成胜．论倪瓒《狮子林图》绘制年代及其园林意境［J］．创意设计源，2022（6）．

32. 郑彬，钟宁英，张天奇，等．借景寄畅 达意惠山：皇家园林中的江南私园［J］．现代园艺，2013（4）．

3. 庭院深深深几许

Spatial Layout

“庭院深深深几许”出自欧阳修的《蝶恋花》，意思是庭院深深却不知有多深。这句词生动形象地诠释了中国传统园林空间布局方式。所谓庭院，不仅指建筑庭院还包括山水庭院，庭院之间通过云墙、建筑、山石进行空间分隔，又通过路径或廊道或桥梁或门洞进行交通和视线连接，形成“庭院深深深几许”的意境。

空间布局包含了平面布置的轴线、移位、对景、因借和空间组织的序列、延伸、渗透、分隔、虚实等方法。具体布局方式，因规模、地形、内容的不同而有所差异。其中住宅内园林化的庭院多设在厅堂或书房前后，缀以湖石、花木、亭廊，组成建筑物的外景。小型园林基本上是上述庭院的扩大，或是在一个主要空间周围配置若干小院而成，如见心斋，其平面图见图 3–1。

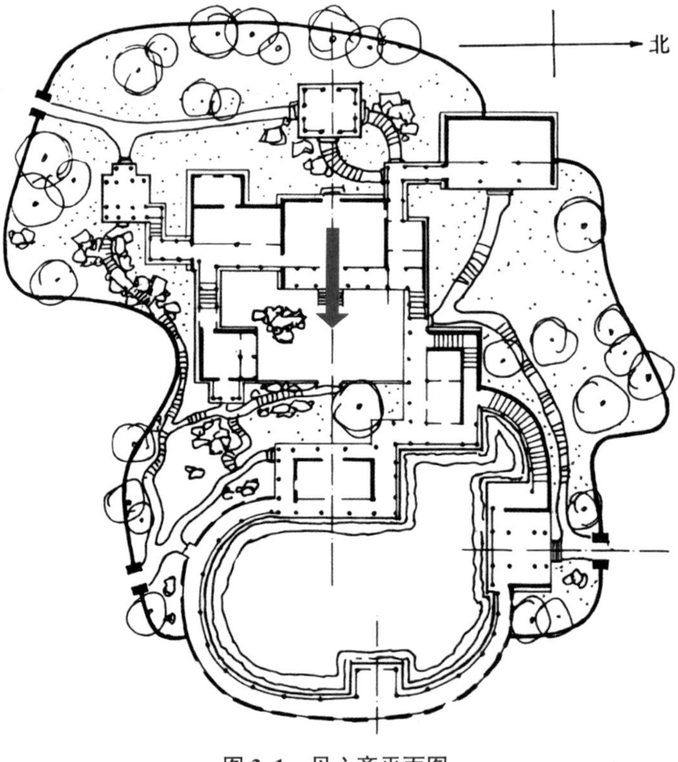

图 3–1　见心斋平面图

中型园林和大型园林景物更多，而且往往单独使用，因此另设园门直通街衢。它们的基本布局方式是：以厅堂作为全园的活动中心，面对厅堂设置山池、花木等对景，厅堂周围和山池之间缀以亭榭楼阁，或环以庭院和其他小景区，并用蹊径和回廊联系起来，组成一个可居、可观、可游的整体。

例如拙政园（其平面图见图 3–2）以远香堂为中心，以远香堂和对面水中岛屿的雪香云蔚亭为南北视线的轴线，梧竹幽居亭与别有洞天构成东西视线的轴线。北海公园、颐和园（其平面图见图 3–3）均是通过建筑道路轴线突出主景，控制布局。

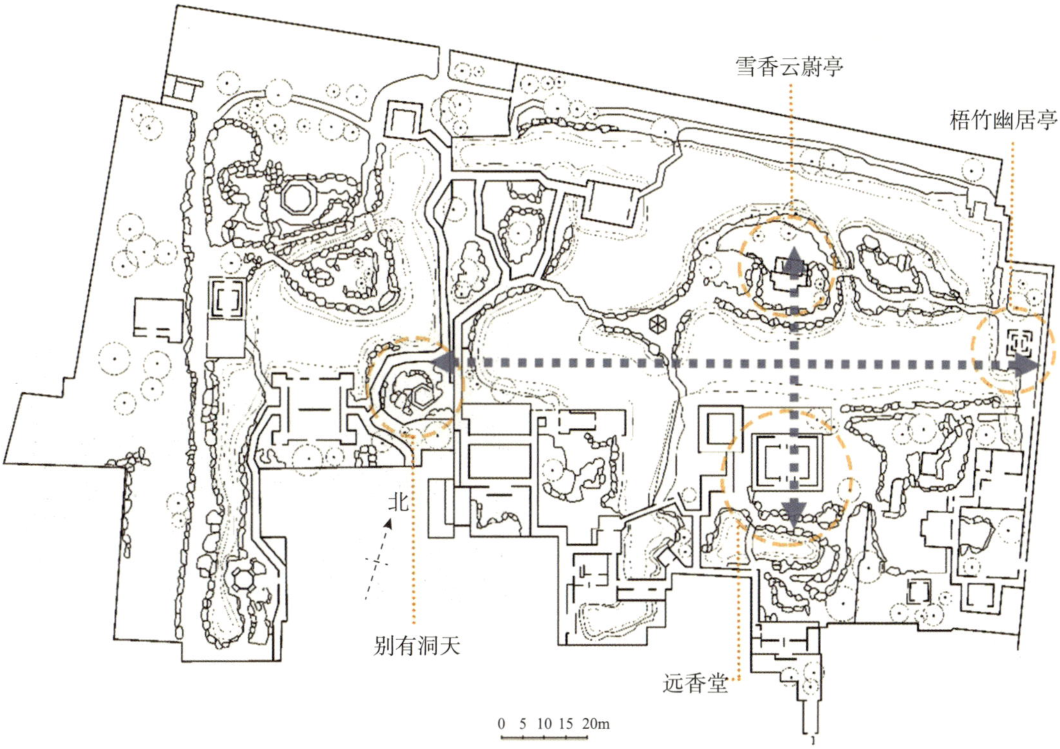

图 3–2　拙政园中部及西部平面图

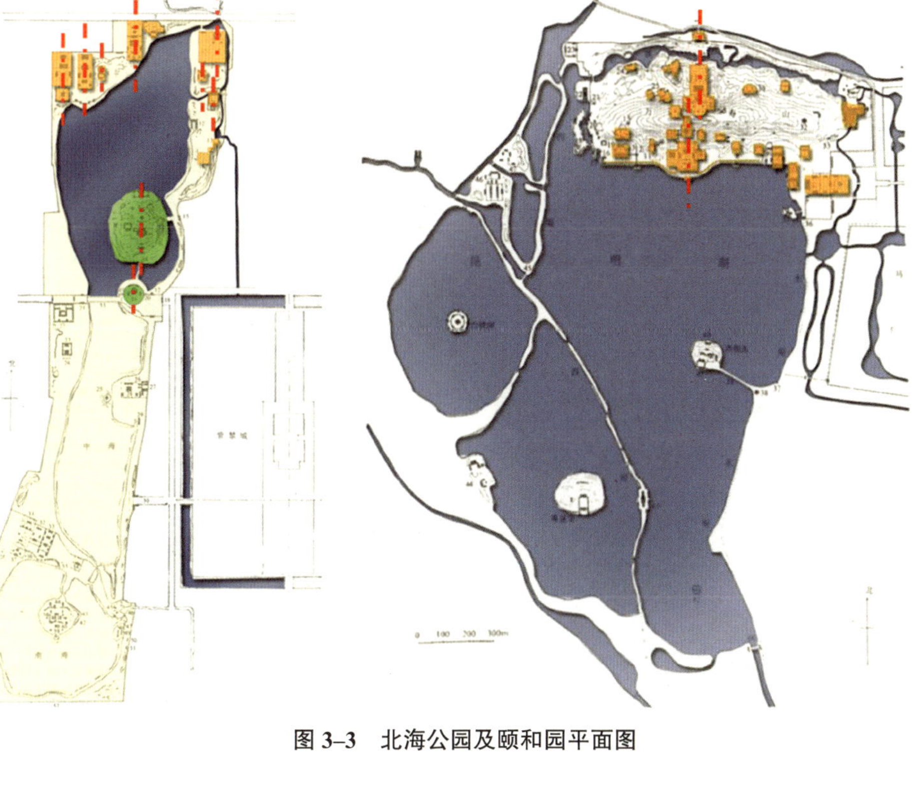

图 3–3　北海公园及颐和园平面图

3.1 山水中心，统筹全局

中国传统园林空间布局以山水为中心和骨架，常作山环水抱式（见图 3–4）：以山石塑水，利用山形地貌高低、远近、开合的变化形成众多大小形状不一的山水空间。其中又以水体作为连接各个节点的媒介，将其他空间串联起来，形成水流遍布、回环萦绕的山水格局。根据园林规模采用的山水中心布局方法多样，分别是山水主空间、关联小空间、多条轴线（对景线）、主要厅堂、建筑疏密、制高点。

图 3–4　山环抱水式布局

3.1.1 空间主次

空间主次对比往往由几个不同类型或者同类型而不同格式的庭院空间组合而成，这样园林空间的景色才有变化、丰富多彩，而不至于单调乏味。

苏州鹤园规模不大，其布局近乎庭院。其山池的安排及局部的处理以简洁为特征，园景则以平坦、开朗为主，可谓“旷”“奥”结合。园的布局以水池为中心，周围是山石、花木、榭廊、亭轩之属，其布局关系见图 3–5。

鹤园正门在南，有门厅，五开间的房子，以粉墙花窗为屏障，不致使园景一览无余。门厅的东北角有门，出去是一条曲折多变的长廊，自南至北贯通全园，廊西接四面厅及大厅。四面厅居中，将全园划分成南北两部分。四面厅南与门厅互为对

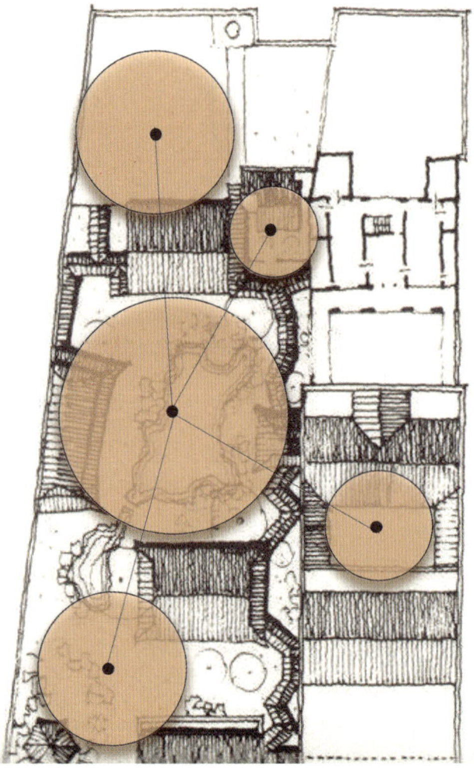

图 3–5　苏州鹤园布局关系

景，沿粉墙置花台，栽花种树点以立石，构成厅南之景。四面厅北与大厅又互成对景，中间凿水池形成厅北之景。以不规则形池为中心，环池叠石，配植迎春、含笑、丁香、海棠、桂花、夹竹桃、紫薇、蜡梅等花木，还有松柏等高大的常绿树，辐射四周建筑构成的南北之景，形成园的主景，空间组织有主有次，层次丰富，为全园精华之所在。

3.1.2 对称轴线

对称轴线空间的景观要素都是围绕中心点或轴线两侧的对应面形成平衡，对称轴可以是有功能的一条线或一个平面。北方皇家园林多用对称轴线，虽然园林属于游赏性质的景观，但是它还是遵循了一定的宫廷等级制度，所以其主空间往往具有明确的对称轴线。

洛阳白马寺（其平面图见图 3–6）坐北朝南，为一长方形院落。汉传佛教在布局形式上受到了中国古代礼制的深刻影响，佛寺布局中建筑的空间秩序是与伦理道德秩序相统一的。寺内建筑由五重大殿、四个大院和东西配殿及厢房组成。其总体布局呈纵深院落式布局，寺前为牌坊式拱券三门洞的山门，山门内东西两侧钟鼓楼相峙而立，轴线由南至北为天王殿、大佛殿、大雄殿、接引殿，寺院中轴线的最后为设置在一座砖筑高台——清凉台之上的毗卢阁，左右两侧分别为法宝阁和藏经阁。大雄殿是寺院中等级最高的，是整个寺院的布局中心。寺内五重大殿处于一条笔直的中轴线上，而这条中轴线也将整个寺院的空间分成了基本对称的两个部分，营造了清新、自然的园林气氛。其景观视角图见图 3–7。

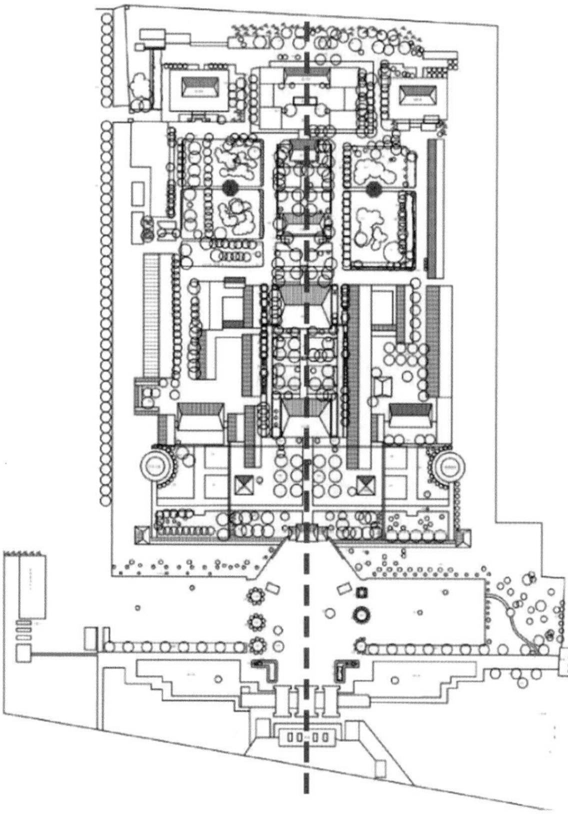

图 3–6 洛阳白马寺平面图

寺内植物以松、柏、银杏、桂花、石榴、棕榈等乔木为主，整体植物基本呈对称布局，以庄严肃穆的列植为主，整齐排列在中轴线上。

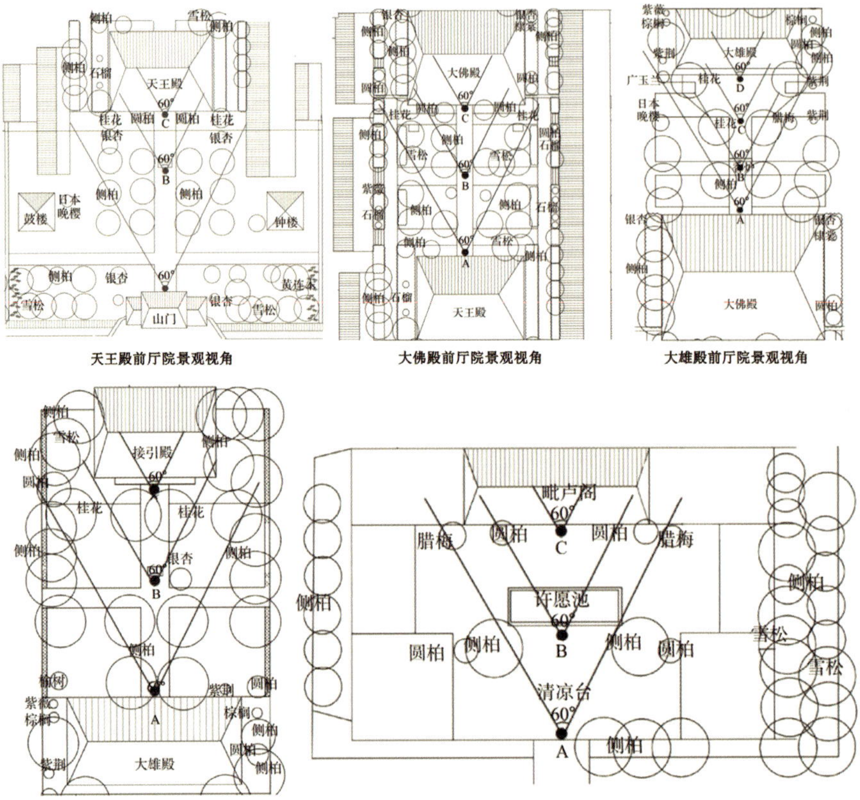

天王殿前厅院景观视角　　大佛殿前厅院景观视角　　大雄殿前厅院景观视角

接引殿前厅院景观视角　　毗卢阁前厅院景观视角

图 3–7　洛阳白马寺景观视角图

3.1.3　主要厅堂

主要厅堂一般是园林中进行室内活动的主要场所，这类建筑一般高大宽敞、装修精美，位于园林的适中位置，既与生活起居部分有便捷的联系，又有良好的观景条件与朝向，本身也是风景构图中心。

畅园平面布局（见图 3–8）是中央凿池，周边环以建筑。这是苏州中小园林常用手法，其空间配置紧凑，景物层次丰富，在同类园林中具有代表性。全园水池居中心，水池面积占全园四分之一，池周绕以厅堂、亭廊、假山、花木，岸缘围以湖石，曲折参差。水池狭长，南端架五折石板桥一座，使池面一分为二。沿东园墙向北，走廊蜿蜒起伏，傍水依垣。中间有两亭，一为六角形的延晖成趣亭，另一为方形的憩间亭。两亭之间，点缀着竹石小品，淡雅清新。穿越北岸方亭，即至主厅留云山房（其立面图见

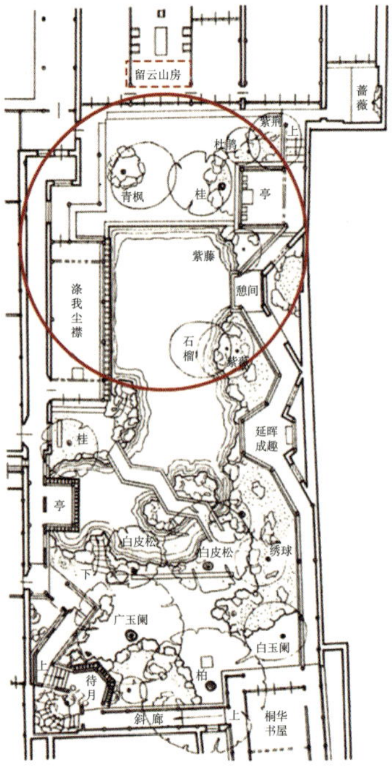

图 3–8　畅园平面布局

图 3–9）。其体量较其他建筑大，对比明显；厅前宽敞平台临池，为园中主要观赏点之一。畅园借大小空间的强烈对比，十分有效地突出了主要厅堂和主景区。

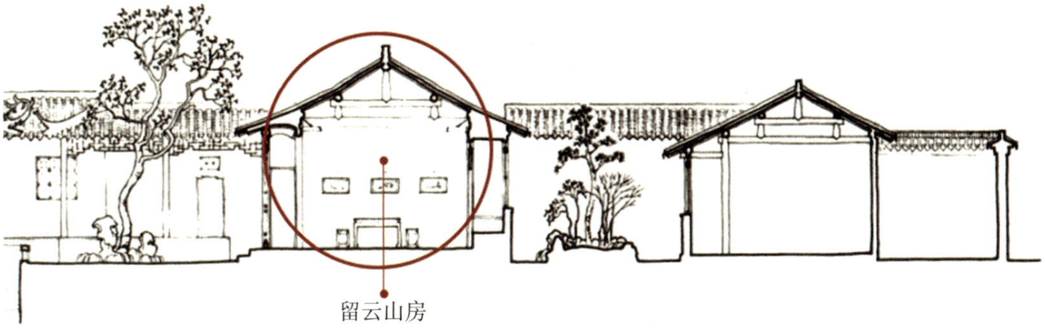

图 3–9　留云山房立面图

3.1.4　轴线与制高点

轴线与制高点的组织，对于整体布局的清晰、全园空间的划分、景观节点的整合、景观视线的渗透具有重要意义。

皇家苑囿常采用设计制高点和轴线的方法达到突出布局中心的目的。规模宏大的颐和园，占地面积 293 公顷，其中水面大约 220 公顷。统率颐和园的佛香阁楼高 41 米，但连同其高大的基座和山的高度在内，竟比湖面高 80 余米。佛香阁作为颐和园的构园中心，处于被观赏的位置。从佛香阁往下看，有很强的俯视效应，能达到一览众山小的效果（见图 3–10）。颐和园万寿山上有五条轴线（见图 3–11），以自中心而向左右逐渐减少建筑物的密度和分量的方式来烘托排云殿 – 佛香阁建筑群中轴线的突出地位（见图 3–12）。同时，控制整个万寿山前山部分的建筑布局从严整到自由、从浓密到疏朗，把散布在前山的所有建筑物统一为一个有机的整体。

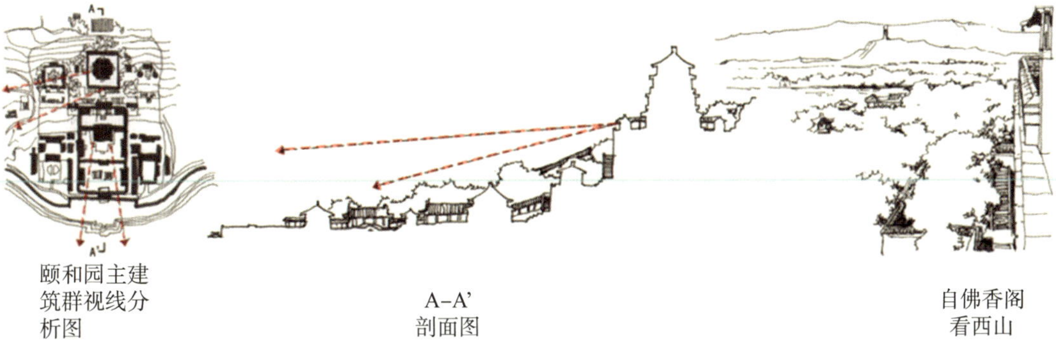

图 3–10　颐和园主建筑视线分析图

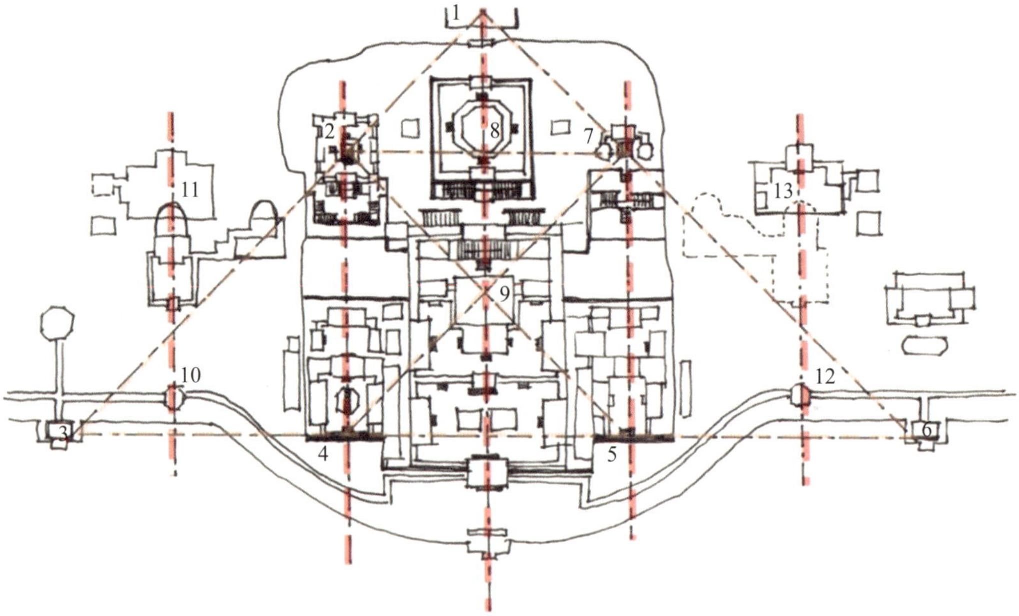

1. 智慧海　2. 宝云阁　3. 鱼藻轩　4. 清华轩　5. 介寿堂
6. 对鸥舫　7. 湖山碑　8. 佛香阁　9. 排云殿　10. 寄澜亭
11. 云松巢　12. 秋水亭　13. 写秋轩

图 3–11　颐和园主建筑五条轴线平面关系图

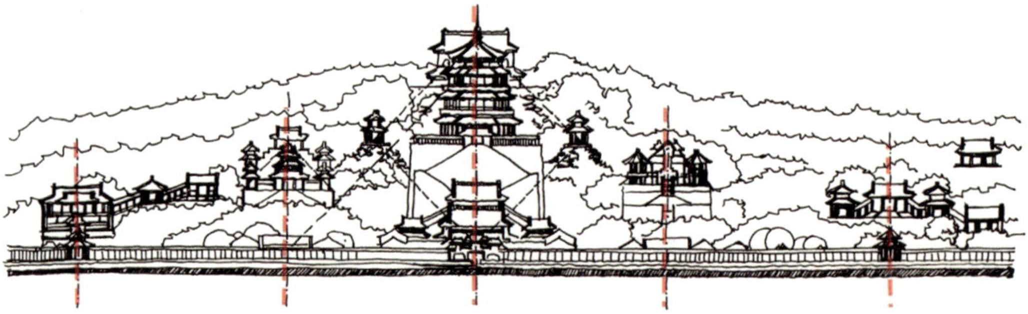

图 3–12　颐和园主建筑五条轴线立面关系图

3.2　本于自然，高于自然

中国传统园林讲究自然美，以山水为基础，以植被作为装点，利用山、水、植物的素材，经过人工的改造、调整、加工、剪裁，从而表现出一个精练概括的自然，呈现出一番本于自然又高于自然的景象。

唯其如此，像颐和园那样的大型天然山水园才能够把具有典型性格的江南湖山景观在北方的大地上复现出来。这就是中国传统园林的一个最主要的特点——本于自然而又高于自然。

3.2.1 造园方法

造园方法包含两层内容，一是整体布局要合乎自然，二是每个景象要素的形象组合要合乎自然规律。例如：假山峰峦（见图 3–13）是由许多小的石料拼叠合成，叠砌时要仿天然岩石的纹脉，尽量减少人工拼叠的痕迹。水池（见图 3–14）常作自然曲折、高下起伏状。花木布置（见图 3–15）应是疏密相间、形态各异，乔灌木也错杂相间，追求天然野趣。建筑常通过化整为零的方法实现本于自然而又高于自然的特点。

图 3–13　假山峰峦

图 3–14　水池形态

图 3–15　花木布置

3.2.2 空间运用

园林中，可以运用假山、树木、墙、廊、屋宇、桥梁等划分空间。小面积的园林，其边界和各个区域都是通过屋宇和廊墙来分隔，例如拙政园中部通过若断若续的走廊（见图 3–16）、疏朗的假山（见图 3–17）、或隐或现的云墙分隔空间，使该区域自然而活泼。而一些小的景区，例如留园的“石林小院”（见图 3–18）、拙政园的“小沧浪”（见图 3–19），也常常采用以院墙、建筑为主的混合分隔方式来处理空间，在有限的空间内既可形成丰富多变的景致，又使其更融于自然，此外，还可利用化整为零的方法将水面分割成互相连通的若干小块，这样便可因水的

图 3–16　拙政园走廊

来去无源流而产生隐约迷离和不可穷尽的自然之感。例如，拙政园以分散用水的方法使水路回环萦绕，给人以来去无源头及不可穷尽之感。全园分东、中、西三部分水面，以中部为主，中部约呈横向矩形，水面较多，也呈横长形，水内堆出东西两座山岛，又用小桥和堤把水面分成数块。

图 3–17　拙政园假山

图 3–18　留园“石林小院”

图 3–19　拙政园的“小沧浪”

3.2.3　自然曲折

自然曲折是实现本于自然而又高于自然的方法之一，通常有三种途径。

（1）途径一：建筑物的直接衔接。

虽然中国建筑一般均呈矩形或方形平面，但是借助于建筑物的直接衔接（见图 3–20），特别是使其空间互相交错穿插，也可以给人以曲折、回环和不可穷尽的感觉。最典型的例子莫过于留园：从入园一开始，以一系列暗小曲折的空间为前导，这是江南诸园入口处理中最成功的一例（见图 3–21）。其空间序列安排是门厅—曲廊—小院与二门—曲廊与小院—山池。另外，在主厅五峰仙馆周围，安排一系列建筑庭院作为辅助用房（包括揖峰轩、还读我书斋及鹤所等处），这些庭院空间既相分隔又相渗透，相互穿插，层次很多，景色丰富，面积虽不大但无壅塞局促之感，可称为建筑空间处理的精品（见图 3–22）。

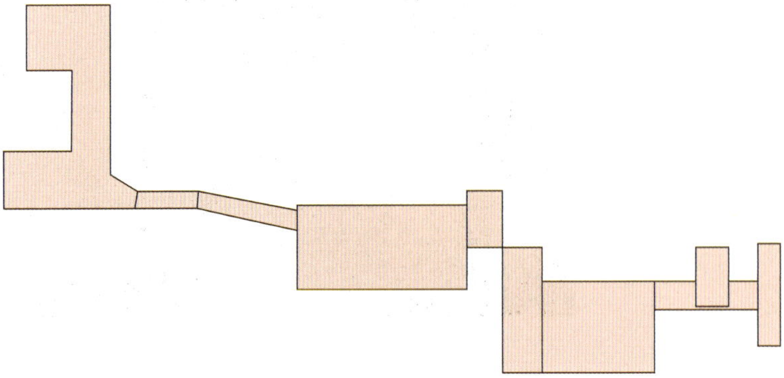

图 3–20　建筑物直接衔接

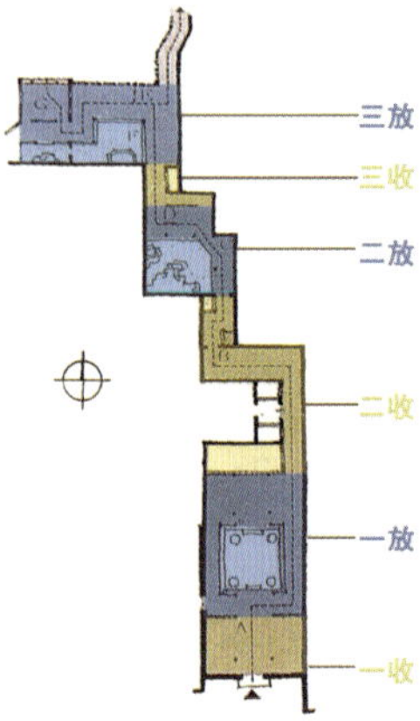

图 3–21　留园入口三收三放

图 3–22　留园内部

（2）途径二：通过廊的连接形成曲折而富有变化的建筑群。

廊在园林中是连接建筑物的脉络，也常是风景的导游线，而且可以起着划分空间、增加景深的作用。廊常自然曲折（见图 3–23），与墙之间的空间形成小院，院内点缀石峰花木，人在行走中可见一幅幅画面，形成对景。《园冶》中说：“廊者，庑出一步也，宜曲宜长则胜……随形而弯，依势而曲。或蟠山腰，或穷水际，通花渡壑，蜿蜒无尽。”这段话非常精辟地说明了廊在园林中的作用。吴江同里退思园（其平面图见图 3–24）分为东、西两部分：东部是此园主体，以水池为中心，环池布列假山、亭阁、花木，西部以建筑庭院为主。“退思草堂”为其主体建筑，借助曲廊贴水而前与旱船相连，透过廊内漏窗可隐约窥见西部庭院景物，使池西景面极为生动，又连接各单体建筑，极具吸引力，是此园设计的精彩之笔。环秀山庄应用“之”字形曲廊（见图 3–25），随山体、湖水、地形弯曲，绕山布置，或山中铺设曲折小路，在山石之间设廊，通过栽种花木增加水谷的曲折，山路回转，达到曲折尽致。

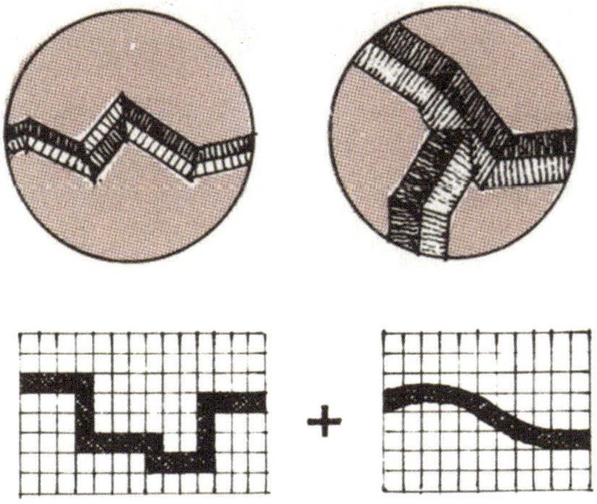

图 3–23　廊的自然曲折

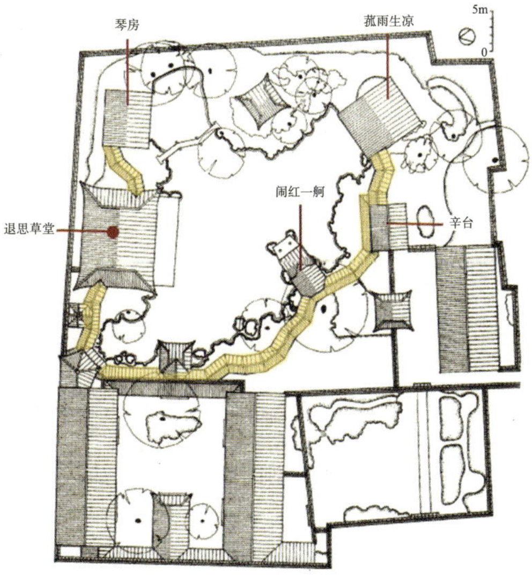

图 3–24　吴江同里退思园平面图

图 3–25　环秀山庄曲廊

（3）途径三：通过路、桥等园林要素。

构成园林的其他各种要素如山石、洞壑、水池、路径、桥、墙垣等，也无不极尽曲折蜿蜒之能事。例如中国传统园林中的桥，与路一样忌直而求曲。无论是在大型的皇家园林中，还是在方寸间的私家园林里，桥都是造型多变的，具有极大的灵活性，可长可短、可折可曲、可高可低，或邻近水面，或势如飞虹，或与不同的山石相融，利用周围环境形成完整的造园构景。上海豫园的九曲桥（见图 3–26），顾名思义，就是桥面曲折多变。曲折在中国传统思想文化中是一种情感的委婉表达，而恰是这种“曲折”对赏园人来讲趣味盎然。

图 3–26　上海豫园九曲桥

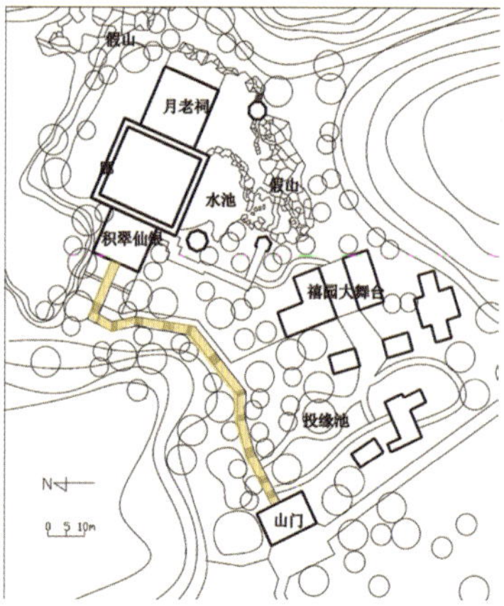

图 3–27　杭州黄龙洞曲折的石阶路平面图

杭州黄龙洞，作为寺院园林，从山门到二门之间，有一段曲折的石阶路（其平面图见图 3–27），随地势缓缓升起，从空中俯瞰宛如一条游龙。这条石阶路曲折多，距离长，采取“一波三折”的方式，结合地势起伏，利用树木竹林掩映，使沿途景观不断变化，处处有景，沿山径的一侧还有曲折的墙垣作为陪衬。

另外，中国传统园林中水系的曲折也丰富了景观层次，避免了水体周围景观的一览无余。曲折的水系随行更步，随步改景，景中见曲，曲景相和；只有经过曲径通幽式的体味，才能理解它的真正价值。蜿蜒曲折还可以产生深邃的意境。传统园林如此将深邃和曲折相联系，产生的是一种玩味不尽的妙趣。

3.3 欲扬先抑，柳暗花明

中国传统园林布局上讲究先藏后露、渐入佳境的做法。在造园时，运用影壁、假山水景等作为入口屏障（见图 3–28），利用绿化树丛作隔景，创造地形变化来组织空间的渐进发展，利用道路系统的曲折引进（见图 3–29）、园林景物的依次出现、院内虚实的隔墙、园中园和景中景的形式等，都可以创造引人入胜的效果。

进入园林的主体空间之前，先经过一段相对闭塞的空间，并运用植物或构筑物等元素将后面的主要景区空间进行遮掩（见图 3–30），或隐或藏，当主体空间突然展现时，就会由于强烈的对比而获得扩大空间之感。这无形中拉长了游览路线，增加了空间层次，给人们带来了柳暗花明、绝路逢生的无穷情趣。例如使大、小悬殊的两个空间相连接，通过蜿蜒曲折的路径，走出小空间忽现豁然开朗的大空间，这样便可以借两者的对比而突出园内主要景区。

图 3–28　假山水景

图 3–29　道路曲折引进

图 3–30　利用植物或构筑物遮掩

在地处市井的私家园林中，由于空间有限，为了求得小中见大，多以欲扬先抑的方法来组织空间序列。例如南京的瞻园（见图 3–31），它的入口部分处理便是根据这样的原则来组织空间的，尽管园内主要部分景区的空间规模有限，但经过一连串小空间之后来到这里，依然可以获得比较开阔的印象。

又例如拙政园中部（见图 3–32）通过若断若续的走廊、疏朗的假山和或隐或现的云墙分隔空间，使景区自然而活泼。

苏州留园（见图 3–33）的入口实为“欲扬先抑”的佳作。虽然入口狭长、曲折，但它很好地组织了空间结构，合理布置了廊道、庭院，形成了“节点 – 段落”的空间组织形式，再辅以收放、疏密、明暗等多种对比手法，使整个入口具有抑扬顿挫的节奏感。中国传统园林，为了引人入胜，为了求得景观的瞬息万变，为了求得师法自然，在布局上无不极尽蜿蜒曲折之能事，以求含蓄内敛、意境深远。

图 3–31　南京瞻园

图 3–32　拙政园中部

图 3–33　苏州留园

3.4　一池三山，高低错落

“一池三山，高低错落”包含两方面的内容：其一，一池三山，相辅相成；其二，高低错落，角度各异。

3.4.1　一池三山，相辅相成

一池三山在中国传统园林中主要指太液池和蓬莱、方丈、瀛洲三座仙山。其讲究与自然和谐共生。一池三山的园林布局模式在各朝的皇家园林以及一些私家园林中得以继承和发展。一池三山由宽阔的水景铺陈，湖上矗立着三座小岛，岛上建筑景观各有形态。这种布局可以丰富湖面层次、打破人们单调的视线，所以逐渐成为经典，为历代山水园林所用。

承德避暑山庄全部由人工建造，湖区中心有如意洲、月色江声和环碧三个岛屿，堤岛分隔湖面形成中国古代吉祥物“如意”“灵芝”的形状，使湖中三岛的形象构成一棵“如意灵芝”树，为一池三山的传统湖岛模式增添了新的意境。与昆明湖和北海烟波浩荡的大水面相比，避暑山庄湖区堤岛错落有序。

3.4.2　高低错落，角度各异

中国传统园林的高低错落多是依托于自然地形的高低起伏：建筑随高就低，过渡平稳；植被高低搭配，层次分明；山石大小各异，画龙点睛。

某些私家园林地处市井，没有天然地形可以利用，尽管如此，设计者也千方百计地以人工方法堆山叠石、引水开池（见图 3–34），从而改变原有地形使其富有变化。大多数园林建筑就是在此环境中建造的，为使其与地形环境和谐统一，历来就强调顺应自然，因此才会随高就低地去安排建筑。在营造高低错落的园林环境的过程中，建筑中的廊起着关键的作用。其结构简单、构件尺寸小、组合灵活，因而不仅从横向上可以任意转折，在竖向上还可以起伏自如地做各种倾斜度不同的“爬山廊”（见图 3–35）。廊作为群体组合的连接体，起着“万能接头”作用，可以借助于极简单的单体建筑组合成高低错落、曲折多变的建筑群。

图 3–34　堆山叠石及引水开池

图 3–35　爬山廊

例如北海公园的濠濮间建筑群，共包括四幢建筑，除主体建筑体量较大并采用卷棚歇山屋顶外，其余三幢建筑不仅大小相近而且均取三开间硬山屋顶形式，若不是地形有起伏变化，必然单调乏味。正是由于顺应了地形起伏而用曲尺形的爬山廊把各个建筑连接为整体，才使得其不仅横向上蜿蜒曲折，竖向上更是富有高低错落变化。

3.5　园中有园，内向外向

3.5.1　园中有园，空间流通

园林作为直观艺术，景物不藏则不深，不深则不奥，不奥则不幽。园中园为中国传统园林中的造园手法，也是藏景的一种，多见于皇家园林中，也见于少数私家园林。园中园的建造，可以使游人在宏大的园林中看到小巧精美的建筑，为园林的美增添趣味；同时，游人站在园中园里观赏大园的主景、中景，则又能借主景为远景、借中景为邻景，使园林景色更加丰富、更加深厚多姿。园中园是传统园林布局的一大特色。

例如，颐和园中的扬仁风、画中游、谐趣园（见图 3–36），北海公园中的濠濮间、画舫斋、静心斋，都是园中园。圆明园的园中园运用更是达到了极致，现开放的有别有洞天、狮子林等。谐趣园在万寿山东麓，是一个独立成区、具有南方园林风格的园中之园。园内共有亭、台、堂、榭十三处，并用百间游廊和五座形式不同的桥相沟通。

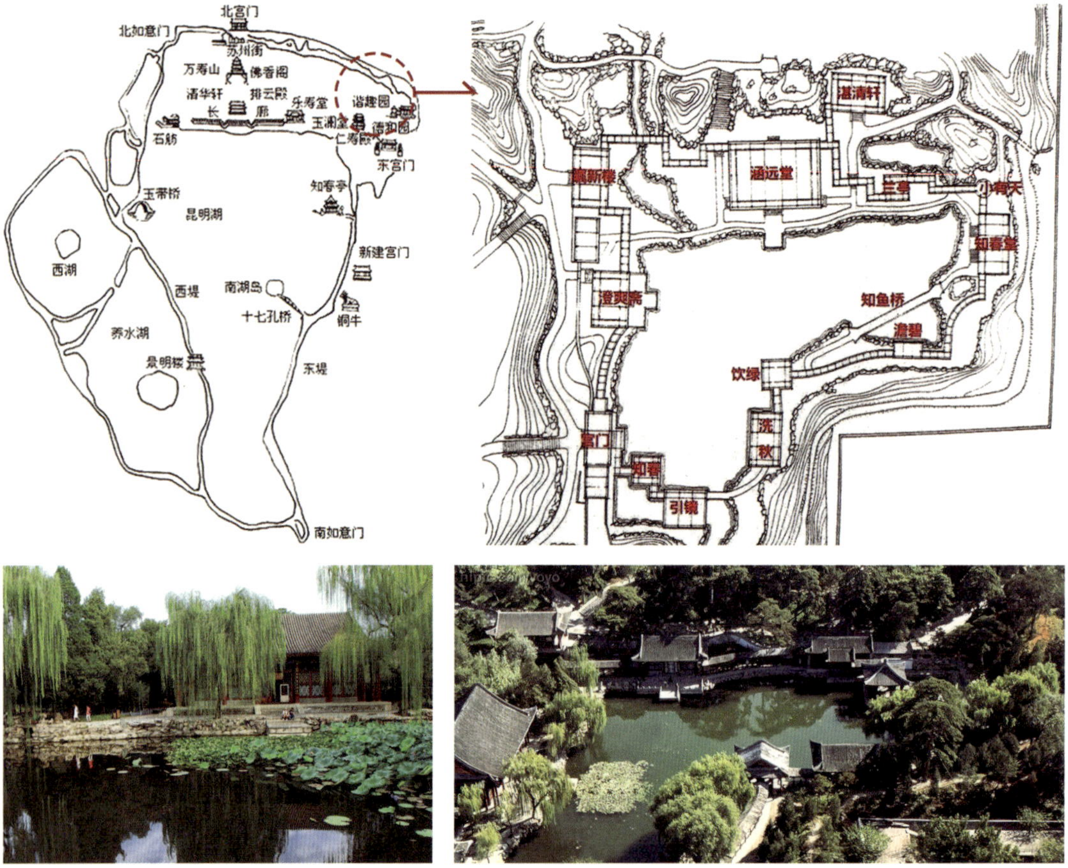

图 3–36　谐趣园

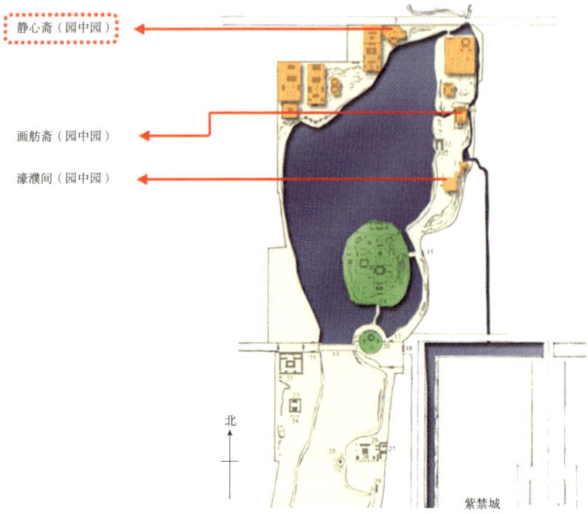

图 3–37　北海公园

北海公园有三处园中园（见图 3–37），分别是静心斋、画舫宅和濠濮间。其中静心斋（见图 3–38）可称得上北方皇家园林中造园艺术成就最高的园中之园，其地势狭长，但山、水及其相互之间的关系处理巧妙，空间虚实变化多样。

此园中的山，有自然丰富的地形变化，采用沟、谷、壑、洞等多种形式，营造了虚空恬静的气氛，形成了书屋需要的“幽”境。

此园中的水，被设计者化整为零，分割为若干既相互独立又相互连通的小块，以不同的水面为中心分别再形成若干各有特色的小景区。小庭院罨画轩、抱素书屋、画峰室都是以水池为中心，彼此又相通形成一个完整水系。

图 3–38　北海公园静心斋

北海公园山与水的结合十分巧妙，横亘东西的两重假山，如马蹄形的屏障，与水池环抱嵌合，余脉深入水中，形成水岸、石矶，使得水面和假山的过渡十分自然。通过多层次的景观，将原本进深很小的空间最大程度地丰富化，这也是此园最成功之处。

3.5.2　内向亲切，外向望远

（1）内向式。

我国的传统建筑，由于受到结构和材料的限制，内部空间不够发达，建筑空间的组织、变化、层次、序列，多以室内与室外相互结合的方式展开，其中以四合院的形式来组织建筑空间是一种典型的方式。这种四合院的四面以建筑、走廊、围墙相环绕，庭院内以山水、花木等进行点缀，形成一种内向、静谧的空间环境（见图 3–39）。这种空间一般以近观、静赏为主，动观为辅。

图 3–39　内向式布局

我国的住宅，从南到北多采取这种庭园式布局。其中南方的住宅庭园布局比较机动灵活，庭园、小院等穿插于住房的前后左右，室内外空间联系十分密切。北方典型的四合院比较规整，常以中轴线来组织建筑物，以形成“前堂后寝”的格局。这种布局形式的所有建筑都面向内而背朝外，形成了以内院为中心的向心感（见图 3–40），对外部环境漠不关心，“闭门自守”，以避免外部的干扰而求得宁静。

我国的私家园林，由于园林面积不大，都是在这种住宅庭园基础上进一步延伸和扩大，往往是“宅园合一”。所不同的是，私家园林往往以水池为中心，并取不规则的平面形状，从而使所围成的空间既具有向心的特点又具有亲切、宁静、曲折而富有变化的特点。而住宅与会客、饮宴、读书的部分，更常组成相对独立的聚合性的内向空间布局，以满足功能上与心理上的需要。以网师园的殿春簃为例（见图 3–41），在园林的西北隅，以书房殿春簃为中心，构建了一个封闭性的内向院落。园主之所以把这个院落处理成聚合型的内向空间布局，是为了实现书房的幽静、封闭功能，以利于园主子弟们安静读书。

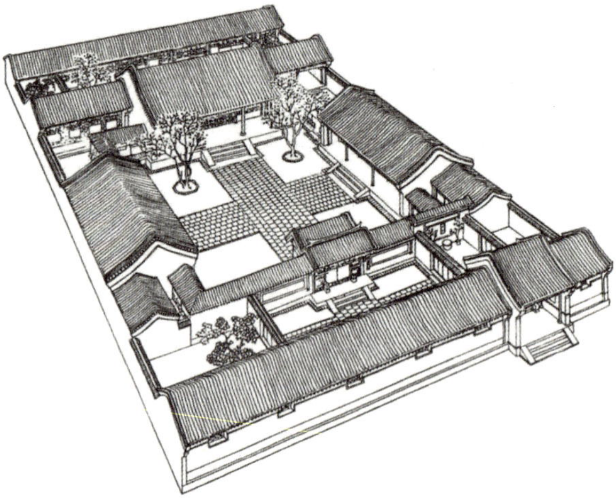

图 3–40　北方四合院内向式布局

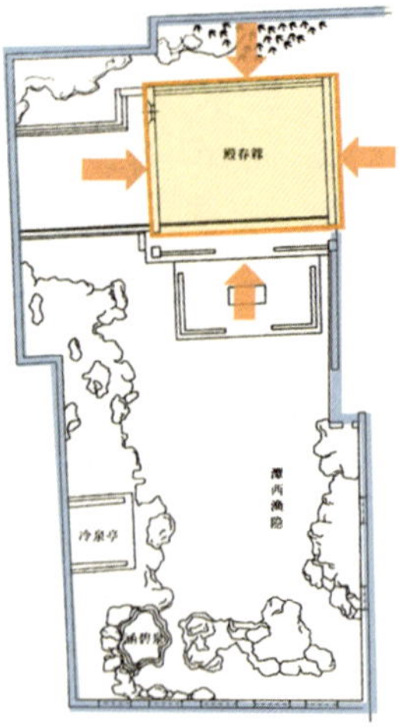

图 3–41　苏州网师园殿春簃内向式布局

（2）外向式。

对于起着点景与观景双重作用的点景建筑，正如古代画论所说："楼阁亭宇，乃山水之眉目也，当在开面处安置。"这种情况下，建筑布局主要考虑的是能够取得建筑美与自然美的统一，通常随环境的不同而采取不同的形式，但都是向外开敞、空透的建筑形象（见图 3–42）。

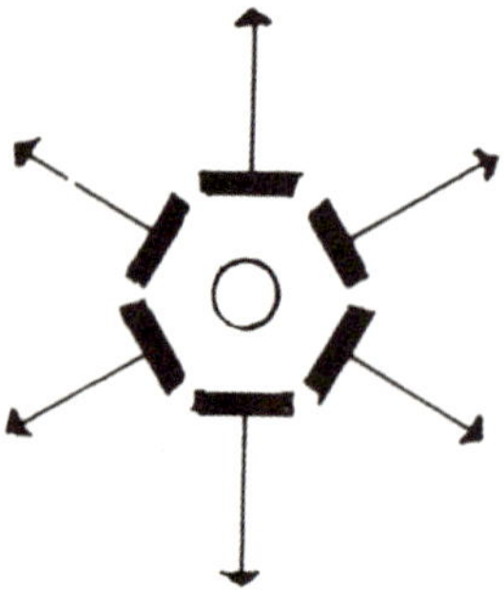

图 3–42　外向式布局

例如临湖、临江、临海地段，由于面向大片水面，常布置亭、榭、舫、桥等比较轻盈活泼的建筑形式，基址三面或四面伸入水中，与水面更紧密结合，既便于观景，又可成为水面景观的重要点缀。如北京颐和园的佛香阁景区，南看昆明湖面景色，北看后湖、苏州街与万寿山景色，东看宫区建筑，西眺园外的西山景色，由于空间开阔，视野展开面大，因此建以楼、阁、塔、亭等建筑，并辅以高台、游廊，组成开敞性的外向空间，以便登高远望、四面环眺，收纳周围广阔的景色。

（3）内向与外向结合式。

内向与外向结合式布局（见图 3–43）兼具内向庭园空间与外向开敞空间两方面的优点，既具有比较安静、以近观静赏为主的小空间环境，又可通过一定的建筑部位观赏到外界环境的景色，造型与布局上有闭有敞而虚实相间，

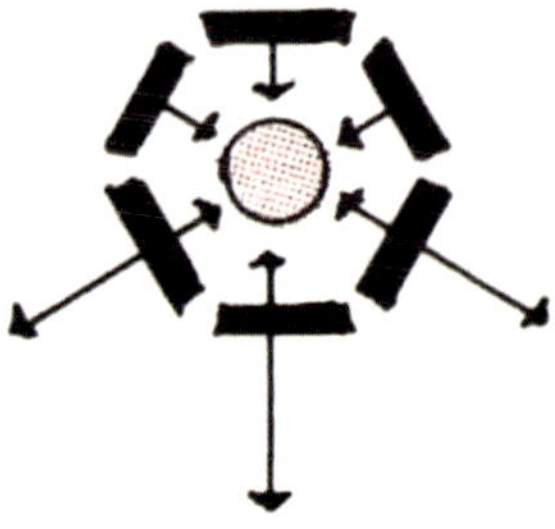

图 3–43　内向与外向结合式布局

形成富有特色的建筑群体。这种布局形式广泛适用于各种地形环境，为南北园林所大量采用。

建筑群体的布局，多顺应地形地貌的特色，自由活泼地相机布置。一般把主体建筑布置于重点部位，四周围以廊、墙及次要建筑，并使之相环绕。内外空间相互流通渗透，轻巧灵活，具有浓厚的园林建筑气氛。例如，浙江嘉兴南湖的烟雨楼（见图 3–44），建于湖岛的高台之上，作为主体建筑居中布置，四周围以回廊，四面开敞，面对烟雾朦胧的湖面景色；楼的后部，以桥、廊围合成内向的庭园，园内假山耸峙、绿树成荫、小路弯曲，颇为宁静；清幽的庭园外侧，设置了各式亭轩，形成四面临湖开敞的外向空间布局。整个布局，向内面对清净的庭园，向外面对浩渺的湖景，内外空间布局与四周自然环境融为一体。

图 3–44　嘉兴南湖烟雨楼内向与外向结合式布局

3.6　现代演绎与现代景观

在众多形式和风格殊异的景观设计中，中国传统园林一直起着重要的先导作用，以其善于表现情景交融的自然景色在世界园林中独辟蹊径，对世界园林产生了巨大的影响。中国传统园林为现代景观设计发展与创新提供了多层面意义和作用，现代景观设计在继承传统园林的基础上也创造出了具有中国特色的现代景观作品。下面将从景观布局的视角介绍从传统园林景观到现代景观的布局转化方法。

3.6.1 欲扬先抑

中国传统园林的空间布局常将矛盾双方并置：将大、小空间并置时，会出现大者更大、小者更小的视觉感受，如瞻园西园（其平面图见图 3–45）；将具有明显差异的两个空间毗邻安排，利用二者之间的对比，突出各自空间的特点，会使人产生不同的感受；从一个小口极度压抑的空间通过，进入另一个相对较大的空间，会使人感到豁然开朗、一片明亮。

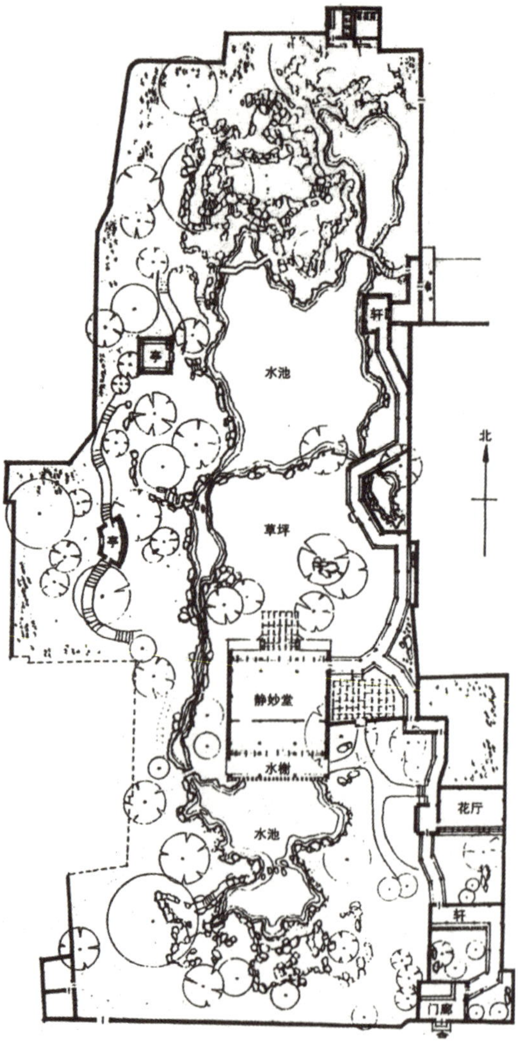

图 3–45　瞻园西园平面图

衡阳蒸湘区住宅示范区的设计就采用了欲扬先抑的手法。该示范区景观策略突出中式特色，运用了传统的框景手法（见图 3–46），入口背景为郁郁葱葱的竹林（见图 3–47），门前映着“竹径”二字，将示范区的美景隐藏在里面。通过竹林中的小径通往示范区，应用雾喷技术，犹入竹林仙境。竹林内转折的小路径（见图 3–48），增加了景深和层次；用竹子“夹景”，路径两侧饰以精致的雕塑，更添庄肃之感（见图 3–49）。随后步入主庭院空间，松与石成为最佳搭配。场地以白墙为画布，松石为岛，砾石为水，古朴的条石汀步置于其间，行走于上，云烟缥缈，汀石云境的绝妙景观跃然入目（见图 3–50）。借助山形雕塑，以后面白墙作背景，通过前后、远近、虚实对比，搭配植物，犹如绚烂的自然画卷（见图 3–51）。

图 3–46　框景应用

图 3–47　竹林背景

图 3–48　竹林内转折路径

图 3–49　夹景应用

图 3–50　主庭院空间

图 3–51　山形雕塑与植物配置

3.6.2　简约曲折

现代景观不同于传统园林极尽自然的蜿蜒曲折，毫不回避规则几何，两种形式相互交融。其在传统园林的基础上结合了现代的审美和功能需求形成简约曲折的布局形态，开创了新的构图原则，将现代艺术的抽象几何构图和流畅自然的有机曲线运用到景观设计中，在发展传统园林景观空间形式语言的同时也形成了现代景观环境的特定语汇。

现代景观多采用曲线布局形式或者拟曲线式的折线形构造，其目的是增加沿路空间变异的可能性，增加游赏间距，加强道路转弯处的空间感知（见图 3–52）。例如上海青浦新湿地公园由植物、水和陆地组成，在给予这些元素充分的空间之后，一条路蜿蜒其中，带给游客和当地居民不一般的体验。

又例如池州护城河遗址公园的水面，以折线为主，辅以简约曲线形成河面，其环河栈道更是以曲线为主，使整个河面和景观更富韵律（见图 3–53）。在节点空间组织形式上，位于苏州的樾园庭院分为外围休憩空间、溪院和水院三个部分，取水系形态之精髓，形成简约曲折的水系贯穿场地（见图 3–54）。

图 3–52　曲折多变的道路

图 3–53　池州护城河遗址公园

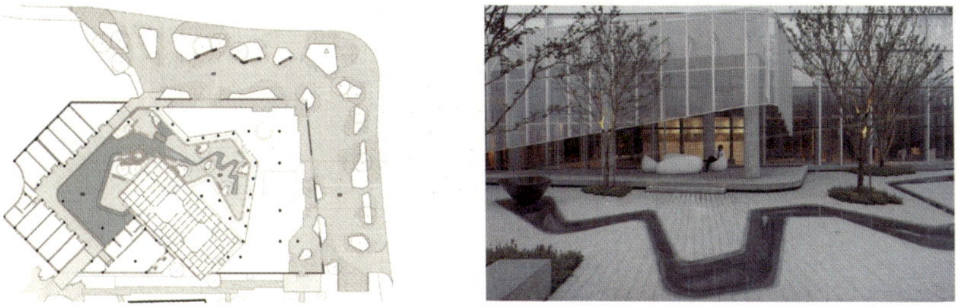

图 3–54　樾园庭院贯穿场地的曲折水系

3.6.3 主次分明

在传统园林中一般以园林主景表达主题思想，且主景多位于园林中的空间构图中心，是视觉的焦点、重心和核心。主从关系的划分是构成布局中形式美的一条重要原则，也是构图上达到统一不可或缺的因素。鲜明的主从关系让空间划分更为合理明了，在纵深或者并列关系中得到了提升。

以汤山矿坑公园（见图 3–55）为例，其丰富的空间节点并不是并列无序地设置在园林平面上的，而是通过节点上的丰富程度差异和节点的空间大小突出某一部分景区。比较明显的是山体上三个矿坑的差异化设计，虽然三者在横向上处于一种并列的关系，竖向上又同时处于全园的制高点，但在游览过程中，我们可以明显感受到三者的从属关系。

图 3–55　汤山矿坑公园

位于中间地带的攒子涧瀑布有丰富的空间落差，大小突出，而且其内部节点要素较其周边的两处矿坑要丰富得多。这里以巨石叠石和极高的跌水组合（见图 3–56），并配合在石缝中种植的罗汉松等植物来突出空间上的恢宏。瀑布从高处落下，跌入坑底的蓄水池中，磅礴的水声在矿坑中回环，给游人带来视觉和听觉的双重感受。而一旁的天空走廊（见图 3–57）就显得幽静，矿坑底部经由植被高度覆盖，空间上的刺激就弱了许多。如果公园在空间营造手法上不考虑节点之间的主从关系，仅用景观展现矿坑之宏大或是用绿植来改善生态，就会使整体变得单调、纷乱，甚至失去游览的重心。

图 3–56　汤山矿坑公园巨石叠石和跌水

图 3–57　汤山矿坑公园天空走廊

3.6.4 寄情山水

中国传统园林在造景上无不极尽自然之风趣，追求仿山水形胜，在空间布局上常以山水为中心和骨架。与传统园林不同的是，现代景观设计由于性质、功能、面积的多样性，布局中心不再拘泥于山水式，而是将山水元素形式提炼，运用新的材料侧面烘托山水之情，并将其体现在空间布局之中。

例如嘉陵江畔的天阅嘉陵（见图 3–58），设计理念以嘉陵江为形、“山水”为题，以山赋形，以水为境，从诗意山水画卷中提取景观设计元素——融情、融景、融境，营造一幅“紫明山水，卧龙盘溪”山水意境的生活画卷。设计者有意识地将一条溪流引入场地内部，用内部造景的形式来实现扩展场地对江景的深度诉求，给人一种“临望嘉陵江，如在江上游”的感觉。

图 3–58　嘉陵江畔的天阅嘉陵

第一幕：嘉陵源头活水来（见图 3–59）。

通过跌瀑模拟嘉陵江源头活水流动之感，同时以镜面水池为中心布置林下客厅、亲水平台、水上汀步等多样化的体验空间，让人感受林深水雾间隐见麋鹿、留听阁里聆听水声潺潺的生活场景。清风拂过，树影婆娑，水雾轻扬，引人入胜。三棵蓝花楹种于水阁畔，生机盎然。

第二幕：夜泊沙洲曲水滩（见图 3–60）。

场地利用地形高差形成山谷溪水奔流之势，山令人古，水令人远，石令人静，手法重“置”轻“叠”，注重跌瀑与石、水、植物、建筑的体量和组合关系，以及对园林工艺的悉心打磨。

第三幕：归来静望平潭月（见图 3–61）。

溪谷宛转延伸出水穷之处的一片静谧水面，观景视野豁然开朗，似镜的水面打破了空间的限制，将水天交融在一处，穿行于水上，俯仰之间仿若秋水共长天一色之感。

图 3–59　嘉陵源头活水来

图 3–60　夜泊沙洲曲水滩

图 3–61　归来静望平潭月

3.6.5 内外交错

现代景观设计的布局方式仍然延续了传统园林中的内向式、外向式，以及内向与外向结合式的布局方式，并且在此基础上作了更多的改善，使其形式更多样化。

（1）内聚式。

现代园林内聚式的布局保留空间的围合，但是中心与边界要素及形式都更为多样和间接，且融入地方文化。位于成都的西村·贝森大院（见图 3–62）就是典型的内聚式空间布局，以功能实用、结构经济、构造合理和材料质朴等基本元素为出发点，面对街廓完整、周边高楼林立、基地限高的现实条件，因地制宜，以低矮吸引周边注目、以横长取得尺度优势。设计采用了建筑沿周边围合布局的方式，从而在规划条件上实现了休闲场地最大化和沿街人流效益最大化。由此围合出的东西长 182 米、南北长 137 米的大院，成为容纳多元化公共生活的绿色“盆地”，是城市中心难得一见的大型院落式社区绿地。其选取了代表成都本土文化的“竹空间”和“茶馆”为关键概念，采用“满院竹”，以竹子这种成都平原农耕文化和市井生活的代表性本土植物，充分呈现大院闲适安逸的成都气质；以墙造园，细分空间，分别以沙土地、鹅卵石、红砂石为基底，配以不同的竹种，形成了情态各异的“院中院”。

图 3–62　成都西村·贝森大院

（2）外延式。

现代园林景观区别于传统园林私有化的特点，大多为公共空间，为公众服务，没有墙等具体边界的划分，甚至有的场地周边直接契合自然。外延式的布局不仅能更好地融入周边环境中，而且能利用借景的方式使场地空间扩大，达到无界生境的效果。

例如汤泉湖体育运动公园，其设计尝试形成一种相互交融的对话。公园两处新增入口考虑到视觉引导性及抵达便利性，配合停车场地，与周边环境进行了融合。南入口（见图 3–63）毗邻中心湖，且有排洪渠穿过，具有非常强烈的向心特征。交错的步道由湖边放射到场地边界，形成强烈的内外指向；标识从地面延伸而上，从远处也可以轻易识别。北入口（见图 3–64）位于项目制高点，场地形态流动且高差丰富。为强化场地特质，配合以蔓延入园内的步道和停留空间，一种偏地景式的广场形态在场地的制高点点起一团“火炬”（见图 3–65）。流动的线条与地面交汇融合，向天空延伸消隐。

图 3–63　汤泉湖体育运动公园南入口

图 3–64　汤泉湖体育运动公园北入口

图 3–65　汤泉湖体育运动公园北入口的火炬广场

标识作为公园的精神符号，如果在相对静止的状态下也能够运动是最理想的。设计者对造型进行诸多模拟，并根据场地特性进行了融合：或拔地而起，或蜿蜒流转，从景观中生长出来。一系列的休闲和活动空间被嵌入山体中，随着周边的通道和绿地一起流动。硬质的活动空间与柔软的植被相互交织，模糊了两者的边界。运动场地充分考虑了现状条件，选择了较平缓的区域进行布置，而周边的绿地随之环绕，形成柔和的围界。看台和坐阶利用场地的高差，沿着舒缓的草坡逐渐出现；植被和树木取代了墙和围栏，在保障场地使用安全性的同时，形成了开放共享的环境。坐阶沿着蜿蜒的缓坡逐渐展开，环形的树池座凳为休憩者投下一抹树影，即使是静坐在火炬广场的座椅上，也可以感受到空间与场地结合而产生的强烈律动。

本章小结

主要内容：本章主要探讨了中国传统园林空间布局的概念和常用的布局方法，包括轴线、移位、对景、因借和空间组织的序列、延伸、渗透、分隔、虚实等，以及现代景观设计布局的转化方法；主要介绍了山水中心、本于自然又高于自然、欲扬先抑、一池三山、园中有园和内向外向等布局概念及常用方法。例如：“山水中心”利用山水主空间、关联小空间、多条轴线等布局方法；“本于自然又高于自然”通过建筑衔接、路和桥等园林要素的自然曲折使整体布局和每个景象要素的形象组合都尽可能地合乎自然规律，以达到本于自然之美和高于自然的境界；“欲扬先抑”常采用先藏后露的手法创造出意境深远、变化多姿、含蓄神秘的园林空间；“一池三山”打破了单调的视线，形成层次分明的景观；“园中有园”是藏景的手法，内向以近观、静赏为主，外向以点景建筑为主，内向与外向结合则在形式和布局上有闭有敞、虚实相间。

在现代景观设计中，这些传统的布局方式仍然得到了广泛的应用和延续，如传统园林的内向式、外向式和内向与外向结合式的布局方式。同时，现代景观设计也在继承传统园林布局的基础上，随着新发现和新功能不断改进和创新，创造出具有特色的现代景观作品。

重点：本章重点在于园林空间常用的轴线、移位、对景、因借和空间组织的序列、延伸、渗透、分隔、虚实等布局方法，山水中心、本于自然又高于自然和欲扬先抑的布局理念，一池三山和园中有园的布局模式以及传统园林布局手法向现代园林景观设计的转译。

难点：本章难点在于对传统园林布局方式、方法、理念的掌握，并在此基础上继承创新，应用于现代景观设计中。例如，现代园林继承外延式的布局，更好地融入了周边环境，利用借景的方式使场地空间扩大，达到了无界生境的效果。除此之外，现代景观在空间布局方面还需结合现代要素创造出更具特色的作品。

任务模块

思考任务

1. 在中国传统园林空间布局中，可以采取哪些方法来处理山水关系？
2. 列举一些中国传统园林空间常见的布局方法并简要介绍其特点。
3. 自然曲折在园林中是如何实现的？请举例说明。
4. 中国传统园林布局上的欲扬先抑可以适用在什么地方？
5. 一池三山是指什么？它们在水景中形成了什么效果？
6. 在园林中，高低错落常依托于什么来实现？高低错落的设计手法与什么样的园林风格相得益彰？
7. 在中国传统园林设计中，内向式和外向式及内向与外向结合式布局分别适合什么场合？
8. 现代景观设计如何在继承传统园林的基础上创造具有中国特色的作品？
9. 现代景观内聚式的布局方式与什么有关？其中心与边界要素和形式有何特点？

拓展任务

1. 理解传统园林的空间布局方法，并分析向现代景观的转化方法和规律。
2. 选择一种传统园林空间布局方法，进行设计实践。
3. 探索现代景观设计在继承传统园林布局手法的同时如何兼具创新性。

🗀 设计任务

1. 运用本章所学知识，设计 80～100 平方米的庭院，绘制平面布置图、剖面图、透视图并撰写文字说明等。

2. 设计一处具有中国布局特色的现代公园（2～3 公顷）。

章节资源

1. 郑曦 . 多维感知与风景园林空间体验［J］. 风景园林，2024，31（7）.

2. 聂磊 . 建筑设计与园林空间形态研究［J］. 建筑结构，2020，50（9）.

3. 南楠，郭莉，郭庭鸿，等 . 关注体验：园林空间设计中的情感永续［J］. 中国园林，2018，34（10）.

4. 王琿，王云才 . 苏州明清园林空间生态智慧探析［J］. 中国园林，2018，34（7）.

5. 丁绍刚，陆攀，刘璎瑛，等 . 中国园林空间分析之驻点研究法：以网师园为例［J］. 南京农业大学学报，2017，40（6）.

6. 魏征 . 园林景观设计中空间尺度的应用研究［D］. 沈阳：鲁迅美术学院，2023.

7. 雷梦宇，金荷仙，王欣 . 小有天园之布局结构与景境研究［J］. 中国园林，2021，37（8）.

8. 林墨飞 . 走向新景观：当代中国景观设计的思想演进与创作实践［M］. 北京：人民出版社，2020.

9. 邱冰 . 中国现代风景园林设计语言的本土化研究（1949—2009）［M］. 南京：东南大学出版社，2020.

10. 赵亚敏，李荫 . 中国私家园林空间布局艺术探析［J］. 安徽农业科学，2011，39（11）.

11. 刘太雷 . 岭南古典园林建筑布局和装饰的市井化取向［J］. 装饰，2007（2）.

12. 阎琦 . 空白之韵：中国古典园林空间布局的虚实相生［J］. 东南大学学报（哲学社会科学版），2006（S2）.

13. 康红涛，刘良杰，陈立德 . 园曲同构诗情画意：补园造园艺术研究［J］. 中国园林，2014，30（8）.

14. 梁洁，郑炘 . 晚明苏州寒山布局复原研究［J］. 中国园林，2017，33（12）.

15. 刘永书 . 庐山植物园的园林布局［J］. 植物杂志，1994（4）.

16. 曹林娣 .“蓬莱神话”与中日园林仙境布局［J］. 烟台大学学报（哲学社会科学版），2002（2）.

4. 秘境指引显章法

Pathways

“秘境指引显章法”是传统园林中路径的精华所在。通过隐秘的环境引导游人在园林中向着指定的方向前进，体现了传统园林路径引导游人行进的规律和方法。中国传统园林路径除了引导游园外，还能通过花街铺地彰显主题、祈愿祝福等。

4.1 铺地材料

花街铺地是中国特有的铺装样式，以两种以上的卵石和青石、黄石、碎缸片、碎陶片等当地所遗留的废旧材料拼合成精美的图案，表达人们对于美好生活的向往。

花瓶在园林铺地中随处可见，它不仅是文人墨客家中必备的装饰品，更是古代谐音梗的产物。留园其中一处铺地是花瓶中插了三支戟（见图 4–1），取其谐音“平升三级”代表仕途顺利。

蝴蝶有很强的生殖繁衍能力，是子孙兴旺的象征。“蝶”取“耋”长寿之意，也象征长寿。蝴蝶铺地纹样见图 4–2。

图 4–1　花瓶铺地纹样

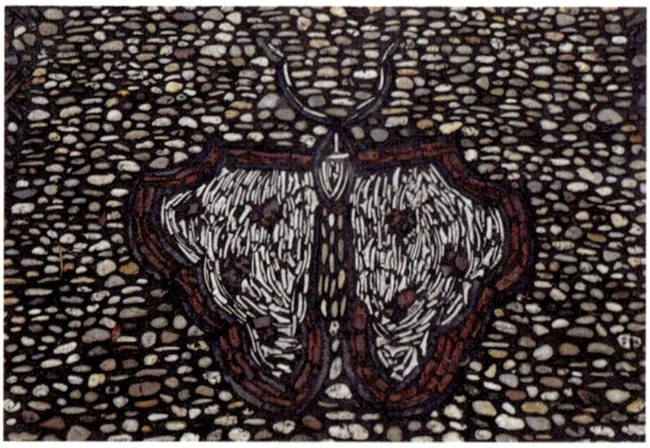

图 4–2　蝴蝶铺地纹样

4.1.1 功能作用

（1）寓意性。

中国园林强调“寓情于景”，美观的铺地不但显示各式图案，还与周围的景物相一致，“点”出环境的主题。如北京故宫的雕砖卵石嵌花甬路，是用精雕的砖、细磨的瓦和经过严格挑选的各色卵石拼成的；路面上铺有以寓言故事、民间剪纸、文房四宝、吉祥用语、花鸟虫鱼等为题材的图案，以及《古城会》《战长沙》《三顾茅庐》《凤仪亭》等戏剧场面的图案。

（2）装饰性。

园路是园景的一部分，应根据景的需要作出设计，路面或朴素、粗犷，或舒展、自然，或古拙、端庄，或明快、活泼、生动。园路以不同的纹样、质感、色彩，以不同的风格和时代要求来装饰园林。如杭州三潭印月的一段路面，以棕色卵石为底色，以橘黄、黑两色卵石镶边，中间用彩色卵石组成花纹，显得色调古朴、光线柔和。

中国自古对园路的铺装就很讲究。《园冶》中说："惟厅堂广厦中铺，一概磨砖，如路径盘蹊，长砌多般乱石，中庭或宜叠胜，近砌亦可回文。八角嵌方，选鹅子铺成蜀锦"，"鹅子石，宜铺于不常走处"，"乱青版石，斗冰裂纹，宜于山堂、水坡、台端、亭际"，又说："花环窄路偏宜石，堂迴空庭须用砖"。

4.1.2 常用材料

中国传统园林花街铺地常用条石、卵石、湖石、乱石、方砖、青石砖、碎瓷片、瓦片、缸片等材料组成各种精美图案。

（1）乱石。

用尺寸相近、大小类似石榴籽的小石子紧密地铺成的铺地叫作乱石地。此铺地方式铺出的路面比较坚固，格调古朴雅致，如耦园中的四方铺地纹样和冰裂梅花纹铺地纹样、留园的仙鹤纹铺地纹样（见图 4–3）。

图 4–3　留园的仙鹤纹乱石铺地纹样

（2）青石砖。

青石砖地（见图 4–4）是指将青石加工、磨平后选择大小合适形状规则的砖块，而后立砌成的铺地。青石砖地一般铺设在蜿蜒曲折的走廊里或较高大的建筑物与建筑物之间的小院子里，如畅园的人字纹铺地、启园的套方铺装等。

（3）卵石。

卵石铺地就是采用卵石铺成的路面。其耐磨性好，而且具有防滑作用，给人以活泼、明快的感觉。如严家花园内的一组以黄卵石为底、用黑卵石描绘的梅花，构成了一幅苍劲古朴的梅花树图案。

（4）瓦片。

瓦片的造型多样，有直有曲，古代地铺中通常用来围合图案外轮廓（见图 4–5），如寒山寺的荷花纹地铺、留园的海棠花纹地铺、退思园的向日葵纹地铺、耦园的十字纹地铺。

图 4–4　青石砖地

图 4–5　瓦片与卵石

4.2　铺地纹样

中国传统园林铺地纹样丰富，多以传统题材或民间喜闻乐见的形象为主题，分为图案和主题铺地。图案铺地的常用纹样有四方连续纹样、人字式、席纹式、间方式、斗纹式、六方式、八方式、香草边式、波纹式等。主题铺地的常用纹样有盘长、寿字、植物、祥兽、器物等。

4.2.1　图案铺地

（1）四方连续纹样。

四方连续纹样是指一个单位纹样向上下左右四个方向反复连续循环排列所产生的纹样，如耦园十字海棠纹铺地（见图 4–6）、狮子林十字铜钱纹铺地（见图 4–7）等。

（2）人字式、席纹式。

人字纹（见图 4–8）、席纹（见图 4–9），在古陶纹上都有，寓意为“人上人”，突出皇帝独尊、高居万人之上的寓意。

图 4–6　耦园十字海棠纹铺地

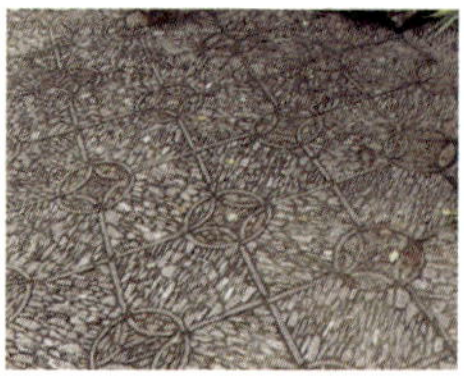

图 4–7　狮子林十字铜钱纹铺地

图 4–8　人字纹

图 4–9　席纹

（3）间方式、斗纹式。

间方式（见图 4–10）、斗纹式（见图 4–11）是在矩形中有序地排列砖块，向四周延续，连续不断，一直砌到墙根，有“大地四方”与“人上人”的寓意。此类铺地通常用于御道，象征着“普天之下，莫非王土”。

（4）六方式、八方式。

六方式（见图 4–12）、八方式（见图 4–13）属于几何纹样。因多边形样式也常被称为龟背和灯景等纹样，以传达美好的寓意。如六方式象征龟背，龟耐饥饿、耐缺氧、抗感染，可以长期不饮不食，生命力极强，故成为长寿之象征。

图 4–10　间方式

图 4–11　斗纹式

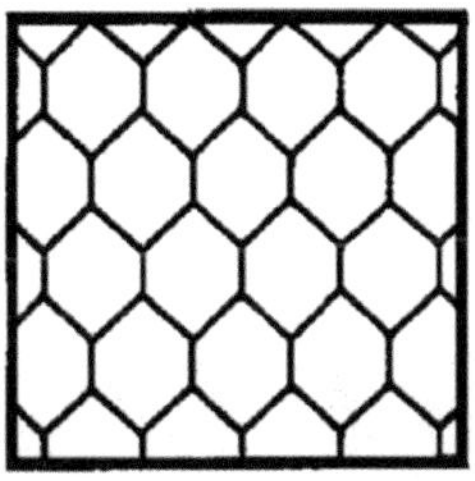
图 4–12　六方式

图 4–13　八方式

（5）香草边式、波纹式。

香草边式（见图 4–14）是用砖砌边、用瓦砌成香草纹的方法，中间铺砖或鹅卵石均可。它有着高洁的品质、坚贞的人格等众多的美德含义。

波纹式（见图 4–15）是捡取厚薄不同类型的废瓦片，分别进行砌筑形成波纹样式：波浪头部适宜用厚些的，波浪旁侧适宜用轻薄的。水的波纹滔滔不断，象征着长寿和财富等美好寓意。

4.2.2　主题铺地

（1）盘长纹样。

盘长结（见图 4–16）又称吉祥结，像绳结的形状而连绵不断，没有开头和结尾，回环贯彻，含有长久永恒之意。盘长结寄寓了民间对家族兴旺、子孙延续、富贵吉祥世代相传的美好祈愿，如退思园盘长结纹样、留园盘长结纹样。

（2）寿字纹样。

园林中最常见的寿字纹样（见图 4–17）是团寿，又叫圆寿，字形呈圆形，整体被团在一个圆之中，寓意生命绵延不断。通常团寿的圆外圈会再围五只蝙蝠组成“五福捧寿”的图样，如狮子林的五福捧寿、退思园的福禄寿。

图 4–14　香草边式

图 4–15　波纹式

图 4–16　盘长结纹样

图 4–17　五福捧寿纹样

（3）瑞草纹样。

瑞草通常指灵芝，《山海经》有记载，据说吃了可以长生不老。瑞草纹样如耦园灵芝成双、启园灵芝花纹（见图 4–18）铺地。

（4）海棠纹样。

海棠在初春绽放，花开似锦，自古以来就是雅俗共赏的名花。海棠纹样如沧浪亭海棠纹样（见图 4–19）、怡园十字海棠纹样（见图 4–20）。

图 4–18　灵芝花纹样

图 4–19　沧浪亭海棠纹样

图 4–20　怡园十字海棠纹样

（5）梅花纹样。

梅花也常常独立成景，或者结合宝瓶成景。如留园的梅花宝瓶图（见图 4–21），一枝春信从宝瓶中伸展出来，傲霜斗雪。梅花有花开五福的引申含义，宝瓶也有岁岁平安的美好意愿。

（6）荷花纹样。

中国人爱荷，荷花有“出淤泥而不染，濯清涟而不妖”的高尚品格。荷花更多的是作为图画来装点地面，通常是与荷叶、莲蓬、莲藕等搭配，如拙政园的含苞待放在碗中的荷花纹样（见图 4–22）、留园的荷花纹样（见图 4–23）。

图 4–21　留园的梅花宝瓶图纹样

图 4–22　拙政园荷花纹样

图 4–23　留园荷花纹样

（7）石榴纹样。

石榴自汉代就已从西域引入，在中国的栽培历史悠久。中国传统文化视石榴为吉祥物，石榴“千房同膜，千子如一”，故为多子多福的象征。宋代人用石榴果内部的种子数量来占卜科考上榜人数，久而久之，“榴实登科”一词就流传开来，寓意金榜题名。如留园的石榴纹样（见图 4–24）。

（8）菊花纹样。

菊花是四君子之一，高风亮节。中国人爱菊赏菊，留下了许多诗歌名句，不仅赞美菊花姿态优美，更喜爱其不畏寒霜的特性。如退思园的菊花纹样（见图 4–25）。

（9）凤凰纹样。

凤凰是传说中的百鸟之王，是吉祥和谐、喜庆幸福的象征。凤凰纹样见图 4–26。如天香小筑的凤凰纹铺地、留园的丹凤呈祥和凤凰戏牡丹。

图 4–24　留园的石榴纹样

图 4–25　退思园的菊花纹样

图 4–26　凤凰纹样

（10）鹤纹样。

鹤是长寿的象征，和挺拔苍劲的古松画在一起称作“松鹤延年”。如网师园松鹤延年、留园仙鹤（见图 4–27）。

（11）鹿纹样。

鹿有升官发财之意。鹿与“禄”同音，禄有“俸禄”之意，有俸禄之人必为官，民间用鹿纹样来表达希望步入仕途并升官发财。如留园的鹿纹样（见图 4–28）。

（12）蝙蝠纹样。

中国自古就有“五福”之说，“一曰寿、二曰富、三曰康宁、四曰攸好德、五曰考终命”，五只蝙蝠的围边纹样几乎就成了圆形图案的标配。如寒山寺的蝙蝠纹样（见图 4–29）、网师园的蝙蝠纹样。

（13）蟾蜍纹样。

蟾蜍纹样（见图 4–30）也是中国传统吉祥纹样。战国时中国人就视蟾蜍为神物，青铜器上就有蟾蜍纹装饰。如拙政园的蟾蜍纹样、留园的金蟾纹样。

图 4–27 鹤纹样

图 4–28 鹿纹样

图 4–29 蝙蝠纹样

图 4–30 蟾蜍纹样

（14）鱼纹样。

在民俗文化中，“鱼”谐音“余”，是富足的象征。如拙政园连（莲）年有余（鱼）纹样（见图 4–31）。

（15）蝴蝶纹样。

蝴蝶是中国传统文化中的吉祥物，象征自由、幸福以及爱情。如拙政园的白蝴蝶纹样（见图 4–32）、网师园的蝴蝶纹样。

（16）聚宝盆纹样。

聚宝盆是中国古代民间传说中的宝物，可以使其中的财宝不断倍增。如春在楼的聚宝盆纹样（见图 4–33）。

图 4–31 鱼纹样

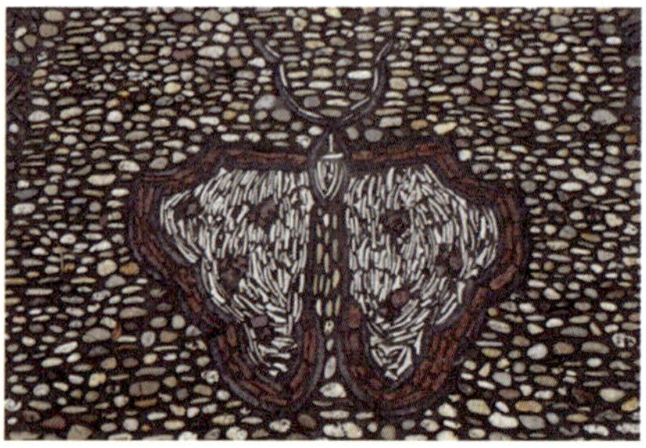
图 4–32 蝴蝶纹样

图 4–33 聚宝盆纹样

（17）金银锭纹样。

直截了当地用金银锭图案，目的明确，表达精准。如留园金银锭纹样（见图 4–34）、退思园银锭纹样（见图 4–35）。

（18）瓶生三戟纹样。

瓶生三戟是清代以来的常见吉祥图案，一般是一个花瓶内插三支短戟，以谐音“平升三级”指官运亨通。如东山雕花楼的瓶生三戟纹样、耦园的瓶生三戟纹样、拙政园的瓶生三戟纹样（见图 4–36）。

（19）折扇纹样。

折扇代表洒脱、风流、儒雅，一扇在手便有“气节风骨”相伴。如网师园的折扇纹样（见图 4–37）。

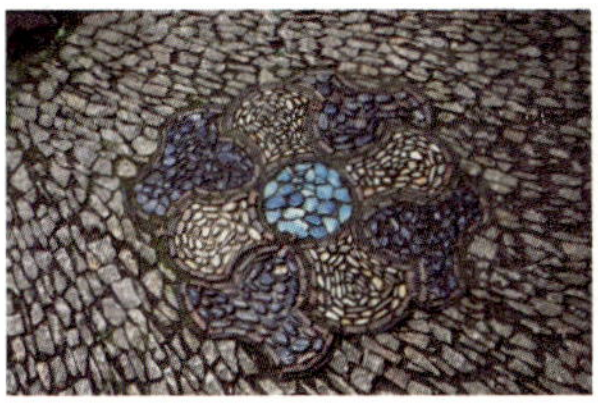

图 4–34　金银锭纹样

图 4–35　银锭纹样

图 4–36　瓶生三戟纹样

图 4–37　折扇纹样

4.3　路径章法

路径是园林的设计要素和结构框架，能将水面、山石、植物、建筑等景观要素串联起来。中国传统园林路径系统复杂、曲折多变，景观节点数量众多，需要以“游”为线索，把“赏”的景观要素串联起来。

中国传统园林，尤其是明清时期的江南园林，是我国传统建筑文化的瑰宝。中国传统园林的空间“虽由人作，宛自天开”，虚实结合，既相互独立又相互渗透，既是静止的又是流动的，通透朦胧又充满趣味性和神秘感。

中国传统园林可以被看作由一系列连续的水面、山石、植物、建筑等要素组合成的景观，通过不同形式的游览路径彼此连接。人们沿着这些路径游览，可感受到或独立或关联的空间和景观节点——像一幅中国画逐渐展开，时隐时现，时开时闭。人游其间，曲径通幽，步移景异，可感受意境深远的艺术空间。因此，从动态角度看，路径是决定园林空间形态特征的最关键因素，是园林基本的设计要素和结构框架。园林通过路径巧妙地组织人的运动，并与视线结合，形成既静止又流动的空间。路径是“园林的脉络，在园林建筑中处于极重要的地位”，对园林空间、形态产生巨大的影响，与西方建筑理论的“流动空间”及“四度空间”不谋而合。

路径系统不仅联系园林中各景观要素，而且作为空间分割的要素限定人的位置和视线以及人与景观要素的关系。正如彭一刚先生在《中国古典园林分析》中所言，中国传统园林“空间序列的组织关乎整个园林的结构和布局，尽管各个园林的地理条件千差万别，但是既然形成整体的序列就必须遵循某些统一的原则，继而把一些孤立的点（景观）连接成片段的线（游览线路），再使若干片段的线组织为完整的序列”。

园林的路径包括游廊、桥、路、硬质铺装等，具有交通功能，是休闲、观赏的区域。传统园林的路径复杂、细密，因此具有较高的可游性和丰富的布局形式。

园林路径一般呈环状，形成大大小小的环路。全园有大回环，局部有小回环，不同的庭院也有各自的路径系统。它们以复杂多变的方式组合在一起，循环往复，相互交织，环环相连、环环相套、环环相叠，形成复杂的路径网络系统，使园林空间层次既曲折多变又完整统一，为游人提供了多种游览选择，丰富了空间层次，增加了园林空间的审美情趣。

园林路径的形态：间距短，转折频繁，弯转曲折，“不妨偏径，顿置婉转”“随行而弯，依势而曲”。据研究，我国传统园林路径的平均长度只有12.8米。富有韵律感且迂回曲折的路径，增加了空间的深度与趣味性，丰富了景观的意境。当人沿着这些路径游走于园林之中时，随着时间和空间的转变，人的体验感受也会发生变化。由于曲径转折多、走向不一，因而曲径作为中国园林游览路径的典型形态，既要曲而通达、引人入胜，又要曲中有直、曲折有度，这就是中国传统园林“曲径通幽”律的美学内涵和规范。

园林路径的总长度越长、数量越多、曲折越频繁，可游性越强。园林通过曲径通幽创造出复杂、多变的空间层次，复杂的路径系统和数量众多的景观节点是相辅相成的。

4.3.1 形态变幻

中国传统园林的园路形态有丰富多彩的变幻性。利用游廊、盘道、蹬道、谷涧、河堤、步石、桥梁等增加游览路线形态的变化，可以使人在游赏中跋山涉水、游廊穿洞、踏水嬉戏。

中国传统园林里，园路的基本形态除了步行道路外还包括步石、汀步、攀梯等，与建筑相结合的形态有游廊、穿堂、过厅，遇山体的转化形态有盘道、蹬道、谷涧、飞梁，遇水面的转化形态有河堤、步石、桥梁等。

4.3.2 婉转曲折

传统园林路径的婉转曲折指的是弯弯曲曲、曲折有致、节奏分明。园路的婉转曲折是由形式错落的景象所决定的。由于平面的曲折和高程的变化，在透视上使道路背景得以相互遮掩，随着游览的进行，景象逐步展开，这样就避免了因一览无余而索然无味的弊病，可以使景象含蓄，增加景象层次，扩展景面，增强观赏效果，激发游兴。园路由于曲折迂回而增加了游程，延长了游览时间，起到了拓展空间的作用，在有限的园地内营造出了无限的风光。

从构图上讲，单一则单调，直线比曲线单调，重复一定规律的曲线比自由曲线单调；反之，包含对立因素（矛盾）则感觉生动丰富，所以传统园林路径布置是欲左先右、欲上先下、欲通先迷、欲露先藏的，例见南京瞻园、苏州狮子林、北京颐和园的路径布置等。

园路形成闭合，极尽蜿蜒曲折；蜿蜒曲折形成环形路线。园林中的环形路线，以其导引功能和种种优美的表现形态满足了人们的审美需要。其妙处既在于延长了路径，迂回而有效地扩展了园林的有限空间，又在于能使审美主体放慢游赏的脚步，稽延盘桓，而不是贪快求捷一逛而过。审美主体在“延步”的同时，还能多视角、多方位地观赏变化着的对景画面之美。这样，既可游，又可观，审美主体就可以不断地一折一转地“管领风月”了。曲径的这种魅力，是一种极佳的导引功能。这种功能是通过吸引审美主体并延续其审美脚步来完成的。

绝大部分园林都在环行路线中间再加若干条登山越岭的路线。小如畅园，除了园周一圈廊房外，池面横架曲桥，可从桐华书屋直趋涤我尘襟。大如狮子林，除了廊房周匝环行一圈以外，横绝山池还有山径和桥梁穿插其间，以求从各个角度去观赏园景。尤其是山上的小径，都较迂回曲折，以展延其长度，争取更多的游览机会。而外圈的环行路线则尽量靠近界墙，目的是充分利用空间，而且常建为透迤曲折的长廊，以便游览时免受雨雪和烈日的侵凌。从造景上看，这些曲廊起了遮蔽界墙的作用，可弥补一览无余的缺陷。再如颐和园中的谐趣园，所有的建筑均环绕着一个不规则水面的周边排列，建筑体形虽有一些变化，但绝大多数建筑仍不外是方方正正的矩形平面，难以形成统一的整体，但由于巧妙地使用了折廊和曲廊来连接各单体建筑，从而与水面紧密地结合为一体，不仅避免了单调，而且显得曲折而饶有变化。

4.3.3　周始回环

周始回环是指传统园林将道路的首尾相接，使园林路径形成回环。这样可以在有限的空间里充分利用地段。游线要尽可能地遍布全园。各个局部呈小回环，全园又有大回环。如此串联各景点能够避免游人走回头路，同时巧妙地将有限的空间放大数倍。如拙政园一共有 33 个景观节点（见图 4–38），通过对尽可能多的景观节点连线可以最多形成 7 条游览

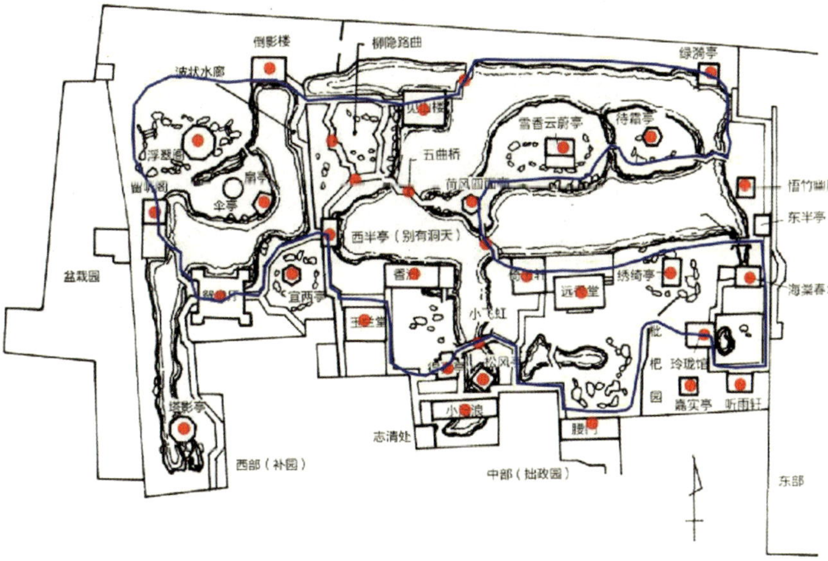

图 4–38　拙政园的 33 个景观节点

路线，其中最长的游览路线总长 717 米，这条路线穿越了 31 个景观节点。其余景观节点如塔影亭、梧竹幽居、听雨轩等，则可通过小回环进行连接。

4.3.4　诱导游园

传统园林，不论大小，都极力避免开门见山、一览无遗，总是千方百计地把“景”部分地遮挡起来，而使其忽隐忽显、若有若无。某些藏得很深的景，如果没有路径诱导便无从接近，这样的景可望而不可及或者根本不能被发现。在路径引导的作用下，处于其中的游人总不免对前方的道路怀有某种期待，巧妙地利用这种期待便可以借园路把游人不知不觉地诱导至某个确定的目标。

如苏州的畅园，这是一个较小的私家宅园，由于纵向狭长，园内主要厅堂留云山房只能设在园的后部。自其入口经桐华书屋进至园内，如果不加以引导，空间序列必将因为失去了连贯性而中断；但由于设置了游廊，便自然地把人吸引至园的东侧，并沿着曲廊向纵深前进。此外，为了加强引导与暗示作用，每在游廊的转折处都巧妙地运用扩大空间或对景等手法加以强调以吸引人的注意力，这样便使人不知不觉地来到园内主要厅堂——留云山房（见图 4–39）。

图 4–39　苏州的畅园

4.3.5　与景对应

与景对应是指园路途经处有相应的观赏对象与园路对应，园路也可以作为被观赏对象与景对应。中国传统园林中的“因景设路，因路得景”，正说明了游览路线与观赏对象之间密切的对应关系。

“因景设路”是指园林每设一观赏对象，大至湖山景色的主题，小至疏竹几竿、顽石一块的边角点缀，都必然设有取得其观赏景象的相应观赏位置。“因路得景”是指路也可以成为景——一道游廊、一架折桥，是游行的通路，同时也是一个观赏的对象。

如苏州拙政园中的廊桥“小飞虹”（见图 4–40），其位于得真亭西北的廊桥，横跨于南北向的狭长水面上，与周围建筑倚玉轩、香洲、荷风四面亭互为对景。“小飞虹”桥体为三跨石梁，呈八字形拱起，三间八柱，覆盖廊屋，桥面两侧为万字护栏。“小飞虹”是苏州园林中极为少见的廊桥。廊桥作为传统园林的路径的一部分不仅能够引导游人，也可作为园林中的景观与其他景点相互对应，丰富园林的空间层次。

图 4–40　小飞虹

4.3.6　步移景异

步移景异就是随着游览的行进，一系列的景象映入眼帘，从有限的景拓展到无穷多的变化。当园路和建筑长廊相结合时会出现门洞、窗口等，通过一重又一重的门洞、窗口，自一个空间看另外一连串的空间，连续地设置一列窗口，其步移景异的效果则更加突出。

如自留园入口向东经曲溪楼、西楼底层去五峰仙馆的那一段空间，既曲折狭长又暗淡封闭，本来是会使人感到单调沉闷的，然而由于在临中部景区的一面侧墙上一连开了十一个门窗洞口，而且各个洞口无论在间距、大小、形状和通透程度上都不尽相同，每当穿过这段空间时人们便可透过这一列富有变化的洞口来观赏外部空间的景物，不仅可以获得时隔时透、忽明忽暗、既有连续性又充满变化的印象，而且还能感受到因洞口的形式各异而产生的韵律节奏感（见图 4–41）。

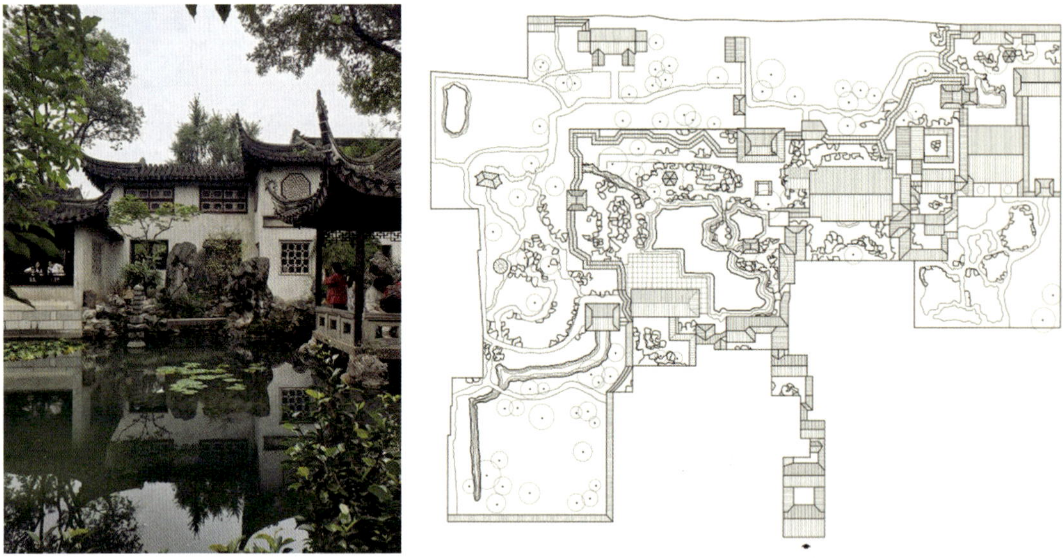

图 4-41　留园的步移景异

4.4　现代演绎与现代景观

传统园林路径特点在现代景观中发生了许多转化：首先是园林服务对象的变化，从面向皇家贵族到服务平民百姓；其次是技术的变化，从传统的石材、木材到如今的水泥、钢筋；最后是人类意识的转化，从彰显富贵到节约资源的因地制宜。

4.4.1　铺地装饰，烘托主题

铺装是现代主题的表达方式之一，现代设计可以通过铺装材料的材质的属性、色彩的属性、质地的属性以及组合的样式等达到突出主题的目的。

例如未经雕琢的石材，其质地是粗犷的，运用在现代设计中容易形成自然生态的氛围。经过打磨的石材，质地光滑平整，在现代设计中能够较好地体现出高雅的品质氛围。

如深圳的智见 · 云上的铺地（见图 4–42）就紧密地与环境联系，活力健康云作为景区中的环形跑道穿行于书吧、云溪、树林、花园与草地之间，其中云溪石就以长短不一的条石作为地面铺装，通过有序的排布，搭配着叠石与汀步，模拟出传统园林中溪流的感觉。现代景观中，地面铺装除了运用石材铺装外，还会采用木材作为场地的铺装材料。由于木材本身色彩温和、质地坚实，因此形态多样，有多种多样的组合方式，如智见 · 云上的云享生活区，采用木材与钢材模拟云彩与自然，起伏的地势模拟出云彩般柔软的曲线，使进入这个空间中的人仿佛处在云朵之上。

图 4–42　深圳的智见 · 云上铺地

4.4.2　形态变幻，层次丰富

现代景观为了增加游人在游憩时的观景时间，会运用传统园林中形态变化的处理方法。现代设计在形态上、材料上相比传统园林更加多样，形态上有长廊、栈道、桥梁、建筑、汀步等，材料上有木材、钢材、混凝土、砖石等，因此现代景观可以创造更大的游园尺度、更独特的路线样式。

如扬州三湾生态中心（见图 4–43），位于扬州古运河三湾段，现为世界文化遗产、国家水利风景区。结合当地文化建造的锦瑟桥，巧妙地与道路衔接，并运用了古筝弦、梁、柱、板的元素。桥顶的钢管好似琴弦，琴弦中间是筝码，古筝中称之为雁柱，远看就如一台大型古筝立在天然湿地风光之中。

该场地中的路径实现了游人观赏的功能，湿地缓冲区局部采用了立体交通，结合观鸟廊、观鸟屋、观鸟平台等让游客欣赏湿地风光；景区路径变化多样，使游客能够在不同空间中观赏到不同的自然湿地景象；为了保护动物免受人类的干扰，还将游览空间巧妙地转化为带有屋顶和漏窗的长廊。

该中心的设计创新性地采用风格化的现代材质和工艺，将剪纸艺术中的拉花以透空的感觉表达出来。场地中的城市书房，采用中国传统水榭和画舫的设计元素，古朴中透露出现代感。书房一层通透，与道路衔接，游人随着园路游览观光便不自觉地进入建筑内部的休憩区域，将传统园林路径的转化方法运用得非常巧妙。

图 4–43　扬州三湾生态中心

4.4.3　蜿蜒曲折，妙趣无穷

现代景观设计中长廊的使用并不少见，长廊不仅可以起到遮阴避暑的作用，也可以划分空间引导游人。现代长廊相比传统园林的长廊，其形态更加独特，有的装饰纹样复杂，也有的整体框架简约；复杂的纹样能够营造出富丽堂皇的空间感受，简约的框架能够营造出高级简约的现代特征。

如成都市的侠客岛花园岛庭院（见图 4–44），属于酒店内的附属花园。空间内以“回廊”为基本元素，将茶室作为庭院路径回环的终点、起点，将场地原有路径与新的连廊串

图 4–44　侠客岛花园岛庭院

联，最终构建出“疏密得宜，曲折尽致，眼前有景”的庭院景观。回廊避开了庭院中所有的水石花树，在山石和水体之间来回转折穿梭。因将回廊局部变形、放大，形成可停留休憩的节点，使庭院中的“动观”“静观”成为可能，将一个观赏性的庭院变为一个可以分享、交流的空间。

4.4.4 因景设路，因路得景

传统园林的路径在曲折中串联贯通，首尾相环。正所谓“因景设路，因路得景”，要素与引导相互依存、相辅相成，路径的变化曲折往往使游园体验趣味丛生、回味无穷。

如深圳荷水文化基地暨洪湖公园（见图 4–45）水质净化厂上部景观设计，该区域是深圳的主要净水区之一，既要满足净化水源的需求又要实现公园观光功能，成为一个兼具复合功能、美学追求、公共教育性和多样多层次的水景观。通过对岭南园林的“塔、亭、榭、廊”空间原型进行适度的设计研究和“元素”提取，将场地的 13 个大小不一的地面风井转化成场地中独特的观光景点，再结合景点设置汀步、桥梁和栈道，与景对应，与景相连。全园以白色的钢材作为材料，使空间统一和谐、独具特色。

图 4–45 深圳荷水文化基地暨洪湖公园

4.4.5 周始回环，意味深长

现代大型的公园设计中，道路通常都是按照大环套小环的方式布置的，这样便于游人获得百玩不厌的游览体验。现代景观相比较传统园林而言，在路线上、形式上、材料上都有许多新的创造：在路线上，现代园林可以通过滨水栈道使游览路线穿梭于水面之上；在形式上，现代园林可以创造出弧形的树池，结合道路使空间更加柔和自然，形成趣味生动的主题空间；在材料上变化多样，沥青跑道和混凝土步行道结合，卵石路面与沙池儿童空间结合。因此，现代园林更符合人们的观赏品位，更加意味深长。

如深圳的全龄化无边界中心滨湖公园（见图 4–46），曾经名为四海公园，是中国第一批向市民免费开放的公园之一。随着社会的发展，对其进行了更新改造：依据路径化的导流系统与梯田式植物过滤系统，不仅让地表径流得以净化、流入湖区的水质得到保障，同时倚水而建的环园步行系统以及渗透性的网状路径，让原本独立的板块功能重新交织、融合，形成一个大型的环状公园。各个景区的小型环道与之串联，变化丰富，深受百姓的喜爱。

图 4–46　深圳全龄化无边界中心滨湖公园

本章小结

主要内容：“秘境指引显章法”是传统园林中路径的精华所在，通过隐秘的环境引导游人在园林中向着指定的方向前进，体现了传统园林路径引导游人行进的规律和方法。本章主要探讨了园林路径的铺地材料、铺地纹样、路径章法和现代演绎。园林路径是园林空间的结构框架，将水面、山石、植物、建筑等景观要素串联起来。包括游廊、桥、路等，一般呈环状，形成大大小小的环路，园林通过曲径通幽的路径，创造出复杂、多变的空间层次。园林铺地常用条石、卵石、湖石、乱石、方砖、青石砖、碎瓷片、瓦片、缸片等材料组成各种精美图案。其纹样丰富，多以传统题材或民间喜闻乐见的形象为主题，分为图案和主题铺地。常用图案铺地的纹样有四方连续纹样、人字式、席纹式、间方式、斗纹式、六方式、八方式、香草边式、波纹式等。常用主题铺地纹样有盘长、寿字、植物、祥兽、器物等。最后，本章介绍了现代演绎与现代景观中的路径营造。在形式上、材料上，现代设计中的路径相比传统园林更加多样，形式上有长廊、栈道、桥梁、建筑、汀步等；材料上有木材、钢材、混凝土、砖石等。因此，现代景观创造了更大的游园尺度和更独特的路线形式。

中国传统园林可以被看作由一系列连续的水面、山石、植物、建筑等要素组合成的景观，通过不同形式的游览路径彼此连接。人们沿着这些路径游览，可感受到或独立或关联的空间和景观节点——像一幅中国画逐渐展开，时隐时现，时开时闭。人游其间，曲径通幽，步移景异，可感受意境深远的艺术空间。因此，从动态角度看，路径是决定园林空间形态特征的最关键因素，是园林基本的设计要素和结构框架。园林通过路径巧妙地组织人的运动，并与视线结合，形成既静止又流动的空间。这些方法包括形态变幻、婉转曲折、周始回环、诱导游园、与景对应、步移景异。传统园林路径特点在现代景观中发生了许多转化，首先是园林服务对象的变化，从面向皇家贵族到服务平民百姓；其次是技术的变化，从传统的石材、木材到如今的水泥、钢筋；最后是人类意识的转化，从彰显富贵到节约资源的因地制宜。现代演绎的方法包括铺地装饰、烘托主题，形态变幻、层次丰富，蜿蜒曲折、妙趣无穷，因景设路、因路得景，周始回环、意味深长等。

重点：本章重点是花街铺地图案与路径章法等。

难点：本章难点是中国园林路径特色的现代景观营造方式。

任务模块

思考任务

1. 请说出园林中铺地的常用材料和图案纹样。
2. 传统园林中花街铺地的常用材料有哪些？
3. 请说出传统园林中花街铺地的寓意。
4. 请说出中国传统园林的路径章法。
5. 在现代景观设计中，中国传统园林的路径有何创新？

拓展任务

1. 分析苏州畅园的园路形态，并绘制平面图。
2. 小组讨论留园的铺地纹样与主题。

3. 列举几个著名的现代园林案例，以文本的形式分析它们的路径处理手法。

设计任务

1. 以传统铺地纹样为设计元素，绘制一幅你理想中的传统园林路径。

2. 根据本章所学内容，结合现代元素，对传统园林铺地纹样进行创新设计。

3. 根据本章所学的现代演绎方法，绘制一处 5 公顷左右的公园道路布局平面图、细节图并撰写文字说明等。

章节资源

1. 诺曼 · K. 布思 . 风景园林设计要素［M］. 曹礼昆，曹德鲲，译 . 北京：中国科学技术出版社，2018.

2. 周维权 . 中国古典园林史［M］. 3 版 . 北京：清华大学出版社，2008.

3. 彭一刚 . 中国古典园林分析［M］. 北京：中国建筑工业出版社，2008.

4. 胡长龙 . 园林规划设计［M］. 北京：中国农业出版社，2010.

5. 刘滨谊 . 现代景观规划设计［M］. 南京：东南大学出版社，2005.

6. 俞昌斌 . 源于中国的现代景观设计 空间营造［M］. 北京：机械工业出版社，2013.

7. 焦诗尧，陈晨 . 园林景观路径美学及功能探析［J］. 美术教育研究，2022，262（3）.

8. 刘志军 . 游走：传统园林的现代演绎［J］. 当代建筑，2023，38（2）.

9. 王展华 . 论园林景观中的园路设计［J］. 中华建设，2019，194（11）.

10. 郑曦 . 中国传统园林营造技艺［J］. 风景园林，2022，29（8）.

5. 处处玄机有巧技

Every Glance Reveals a Clever Touch

园林带给人的观景体验的好坏是园林设计成功与否的关键。通俗讲，观景体验就是园林中景物带给人的心理感受。园林中好的观景体验无外乎满足游人观赏、休闲、游憩等基本需求，从更高层次上来讲就是使游人与造园者产生情感上的共鸣，从而领悟造园者在建造方面的巧妙心思。观景体验的营造方法可以总结归纳为以下几个方面：主景与对景，渗透与层次，引导与暗示，高低与起伏。

第一，主景与对景。

观景就是观看景色，这就形成了主景与对景的关系。从园林布局而言，主景是全园的重点或核心，是园林空间构图的中心，是主题或主体所在，同时是视线控制的焦点，也是精华所在，具有压倒群芳的气势，有强烈的艺术感染力。园林设计的整体布局和景点设置正是在这种无形的视觉网络制约下，才见其匠心。对景中所谓“对”，就是相对之意。我把你作为景，你也把我作为景。对景关系的营造使得园内景色之间景景不同，妙趣无穷。主景与对景示意见图 5–1。

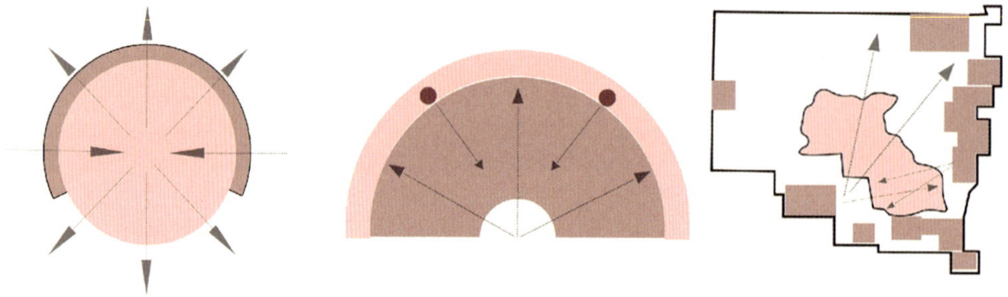

图 5–1 主景与对景示意图

对景是园林建筑构景手段之一。对景通常强调相对性原则，使预选的景物之间相互联系、相互呼应、互为表里，从而便于设计师进行参考和比对，为后续工作的顺利开展打下坚实的基础。对景可以分为正对和互对。所谓正对，即在视线的终点或轴线的一个端点设景，这种情况的人流与视线的关系比较单一。互对是指在视点和视线的一端或者在轴线的两端设景，此时，互对景物的视点与人流强调相互联系。中国传统园林中以互对的对景方式为主，强调你中有我、我中有你的关系。对景同样运用于建筑布局及室内布局，尤其适用于观赏角度受限、无景可借、无景可寻的情况，如走廊的尽头等，都是最常见的例子。但在这种情况中是有主次之分的，两者并非等量的关系，营造对景要根据场地环境和特点来对景物的主次进行区分。江南的私家园林，一般把居住建筑贴边界布置，而把中间的主要部分让出来布置园林山水，形成主要空间；在这个主要空间的外围布置若干次要空间及局部性小空间，各个空间留有与大空间联系起来的余地。这样的构景方法，可使景物各具特色、主次分明，同时又各自满足看与被看的要求。这种方法不仅中国传统园林运用较多，国外园林运用也很多，只是叫法不同而已。对景一般讲究轴线对称，对的景物恰好在观赏者所处轴线的正中；运用于大场景时，对的景物可与总体布局的轴线不在一条主轴上，如自然山水中的亭榭，这边的亭榭和那边的瀑布即形成一种对景的关系。总之，对景手法的合理运用，可以使景色处处出彩。

第二，渗透与层次。

中国园林犹如一块美玉，去掉外面的皮层会逐渐看到内部的温润。利用园林建筑空间相互分隔和联系所产生的渗透效果与层次感来进行组景是中国传统园林常有的手法，通过空间之间相互交汇、流通、穿插和渗透，将外部空间引入内部、内部空间延伸到外部，呈现出空间与时间的连续性，环境与建筑融为一体，动与静、分与合、清晰与模糊，充满着生气。

园林内部空间虚与实的产生有相当一部分来自渗透与层次的变化（见图 5–2），主要是通过对空间的分隔与联系的关系处理造成的。对空间进行分隔才会有层次的变化，但完全隔绝也不会有渗透现象发生，只有在分隔之后加上适当的连通才能使人的视线从一个空间穿透至另一个空间，从而使两个空间相互渗透，才能显现出空间层次的变化，加强景观的深远感与虚实感。具体方法有：相邻空间的渗透与层次常采用对景、流动景框、利用空廊互相渗透、利用曲折和错落变化增添空间层次等手法；室内外空间的渗透与层次常采用门窗洞口的“景框”、室内景园或景栽等手法。例如苏州园林，常借用大量完全透空的门洞、窗洞而使得被分隔的空间相互渗透、连通，其效果十分显著。

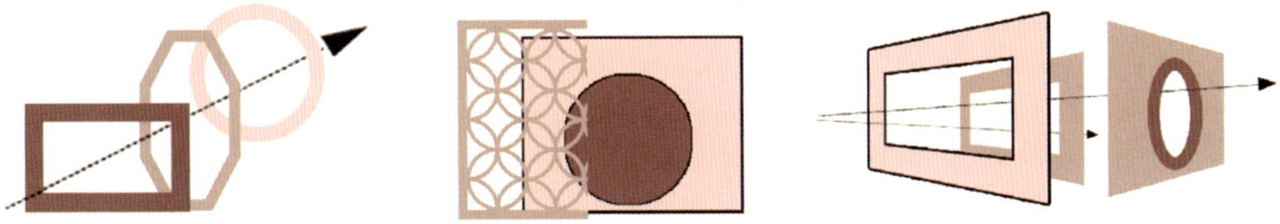

图 5–2　渗透与层次示意图

中国传统园林中渗透与层次的营造方法理论和西方近现代建筑所推崇的流动空间理论十分相似，在处理空间的分割与联系的具体手法方面更是如出一辙。追求意境的幽雅和深邃是中国传统园林的目标和特点之一，当代空间中运用渗透与层次这种处理手法，不仅可以增加层次、让景深更深，也更有中国空间的韵味；特别是能为小空间解决景深问题，也能为大空间增加更多的情趣。

第三，引导与暗示。

在传统园林中，凡借“欲露而先藏，欲显而先隐”的手法以求得含蓄、深沉的效果，必相应地采取措施加以引导与暗示（见图 5–3），促使人们能够循着一定的方向与途径发现景之所在处。引导是通过不断变化的路径使游人朝着有吸引力的景观前行。在中国传统园林中，路径是产生引导作用的一个重要方面。造园者通过蜿蜒曲折的小路、上下起伏的小桥以及各种样式的长廊等，引导游人从一个空间转向另一个空间。路径本身的变化会带给游人有趣的观赏体验，加上路径在形式上的变化，其引导作用就显得更为强烈和有效。暗示是通过藏与露的营造方式来激发游人心中的好奇，从而引导游人向着未知的方向探索。造园者通过对前方景色的藏、半掩半露等手法刺激游人心理，使景色处于“犹抱琵琶半遮面”的状态之中，通过不断的和不同程度的藏和露的变化，一步步暗示和引导游人向前探索。

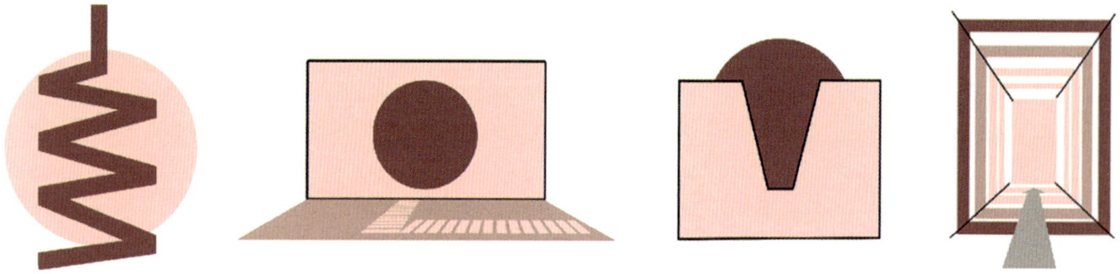

图 5–3　引导与暗示示意图

借助于空间的组织与导向性可以起引导与暗示的作用。江南一带的私家园林，多把景区置于园的纵深处，为此，必须很好地组织入口部分的空间序列，才能成功地把人由园外引导至园内主要景区，而游廊在这种空间序列中扮演着主要角色。园林中的游廊是一种狭长的空间形式，通常具有极强的导向性。它总是向人们暗示：沿着它所延伸的方向走下去，必定会有所发现，因而处于其中的人便不免怀有期待的情绪。巧妙地利用这种情绪，便可借游廊把人不知不觉地引导至某个确定的目标——景所在的地方。其中典型的例子如南京瞻园入口部分的空间组织，正是借游廊的巧妙衔接而成功地使人入园后便不由自主地循着曲折的游廊而进至园内主要景区。引导与暗示让整个空间有了起承转合，丰富了空间的视觉故事感，也会给游人留下深刻印象。而北方的皇家苑囿，由于规模大、占地广，园内重点景区与核心部分建筑群一般均与入口相距甚远。为了将游人吸引进来，就必须处理好进入主景区之前的空间组织，若无引导与暗示，人们便茫然不知所去，那么园林设计的空间组织就会失去连贯性而中断，所以引导与暗示的作用显得更加重要，也成为造园者在最初设计时考虑的一个重要方面。

第四，高低与起伏。

园林中的高低错落、起伏层次主要是在空间的立面上展开的（见图 5–4）。高低错落的层次一般是在地形上进行营造，因为地形改造可使园林产生自然的多种景观，满足人们亲近自然的心理需求，形成各种游览空间，从而避免园林一览无余。另外，地形改造有助于多种造园艺术手法的采用。进行园林地形改造时，为丰富其内容，就需采用障景、借景、框景、夹景、抑景等多种造园艺术手法，以求提高园林景观的艺术审美价值。传统园林里的高低错落主要体现在园林建筑上，园林中的建筑群与亭台轩榭的高低错落使游人可以从俯视、仰视等不同角度观赏景物，从而带给游人不同的观赏体验。有时也会出现一些园墙（粉墙）因形就势，呈高低起伏状。通过形式各异的亭廊轩榭，间或点缀花木，形成丰富的立面层次。在古典园林里，园林建筑的数量是庞大的，点状布置的亭阁，线状蜿蜒的游廊，向心围合成面的建筑群，结合堆叠假山、栽植花木，在郁郁葱葱之下，各色园林建筑逶迤穿插在缩摹自然的小园林里，时隐时现，忽高忽低。且不管是何种体量、何种样式，无一不是充满了精雕细琢的细节处理。

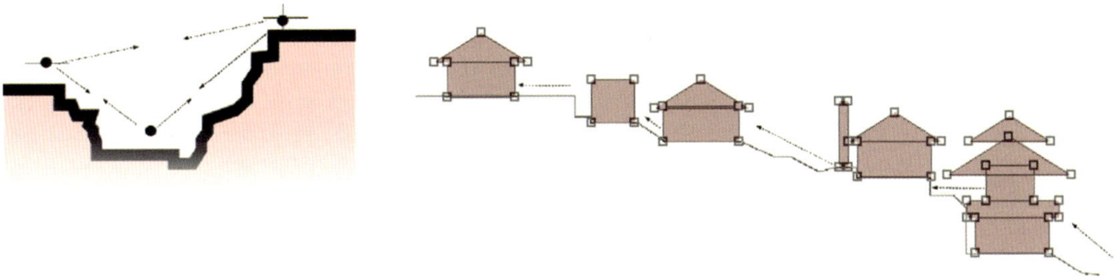

图 5-4 地形与高低示意图

具体而言，建筑通过错落有致的结构变化来体现节奏和韵律美，像戏曲和音乐一样，显示出序幕、高潮和尾声，气韵生动，韵律和谐。例如颐和园云辉玉宇牌坊至佛香阁一段，由于万寿山地势的高低起伏变化，给造园者带来挑战的同时也带来了机遇。造园者博采各地造园手法，地貌地形完全任其自然，建筑在地形的变化上逐级向上，有起伏高低，突出山水这个主体。中国传统园林的创作讲究“相地合宜，构园得体”，所以中国传统园林的高低与起伏是充分利用自然地形的结果。在传统园林中，常常利用“高方欲就亭台，低凹可开池沼”的造园手法来营造竖向上的空间，从而增加观赏的层次感和趣味感。

5.1 主景与对景

5.1.1 传统园林中的主景与对景

传统园林中通过主景和对景的关系来营造空间是造园者智慧的重要体现，给游人带来了不同的游园体验，从而实现了“人动景动，景凭人取”。这里的主景是随着对景的变化而变化的。对景是园林建筑构景手段之一，就观赏点来说，一个观赏点要与另一个景物相互对映。在设计布局时，不是孤立地构景，而是注意景物之间的有机联系，形成各种对景。在园林中，或登上亭、台、楼、阁、榭可观赏堂、山、桥、树木，或在堂、桥、廊等处可观赏亭、台、楼、阁、榭，这种从甲观赏点观赏乙观赏点、从乙观赏点观赏甲观赏点的构景方法，叫对景。良好的“对景”营造，能让人们在园林中的某个驻足点或建筑内，妙对佳景，心随万物。

（1）颐和园霁清轩。

霁清轩位于颐和园东北部、万寿山东麓谐趣园之北，与谐趣园一南一北前后紧邻，均为颐和园的园中之园。霁清轩这座建筑，位于园内的制高点上，成为园内许多风景画面的主题。如同颐和园中的佛香阁，在园中各个景区都能从不同的角度看到这一主景，起到统领全园的作用。

在清琴峡三间房向东望，峡谷溪流在左，霁清轩古松掩映于右，廊柱间遍绘藤萝，从远处看宛若紫藤从屋檐攀援至老树之间，观赏效果极佳。而在峡谷最低处的石板桥上自北向南仰望霁清轩，四方亭和自下而上的蹬道自然吸引视线向上延伸，视线的终点依旧是霁清轩。这对于进深较浅的园林来说，也是一种扩大空间的处理手法，弥补了高远有余、深远不足的缺陷，造园者以写意的手法寥寥几笔却创造了非常入画之境。

（2）网师园云岗。

在网师园（其平面图见图 5–5）中，观赏者站在云岗的位置可以获得三条观景视线，这也叫作伞状对景：向左可以观赏月到风来亭，向前可以观赏看松读画轩，往右则是集虚斋。从一处平台可以观看到三处景物，充分体现了造园者的匠心。

从云岗望向月到风来亭、看松读画轩和集虚斋（见图 5–6、图 5–7），从云岗处向左、中、右各做一条连线即可构成伞状对景形式。伞状对景的观景点也就是多条观赏视线的发出者，通常是建筑物，尤其以园林主体建筑物为多。网师园面积不大，但恰恰体现了它布局小巧精美的特点。

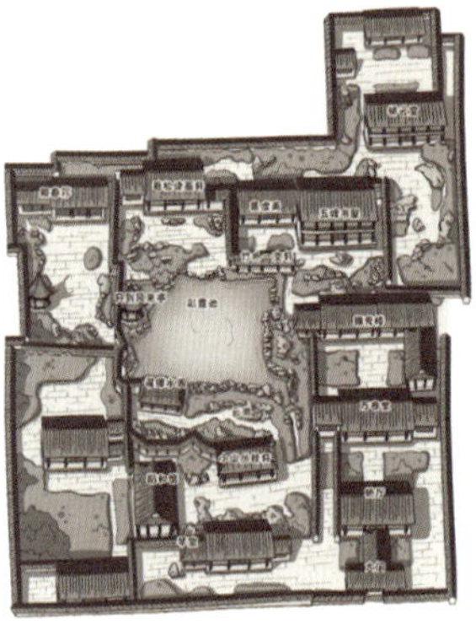

图 5–5　网师园平面图

图 5–6　云岗望向月到风来亭

图 5–7　云岗望向看松读画轩和集虚斋

从图 5–8、图 5–9 可以看出，因为主体建筑物通常是园林主人会客、赏景、聚会的核心区域，所以视线较为开阔，具备一点观多景的条件。

通过网师园的鸟瞰图（见图 5–10）可以看到，苏州园林通常采用内向式的构图，建筑物通常围绕水池而建，水面是相对开阔的。在位置较为居中的主体建筑物的位置可以环顾四周，主体建筑物很容易和四周的景观形成多点的互对景形式，所以以主体建筑物为观景点很容易和周围的景物形成伞状对景、以水为中心的环绕式对景。

图 5–8　网师园湖面

图 5–9　网师园廊亭檐下

图 5–10　网师园鸟瞰图

（3）留园明瑟楼。

留园明瑟楼（见图 5–11）位于留园中部水池南，北对水池假山，前有平台，南为小院，有很好的观景效果，明瑟楼建筑的外观就像船的前舱，与涵碧山房结合构成了写意的画舫。留园明瑟楼视线关系见图 5–12。

图 5–11　留园明瑟楼

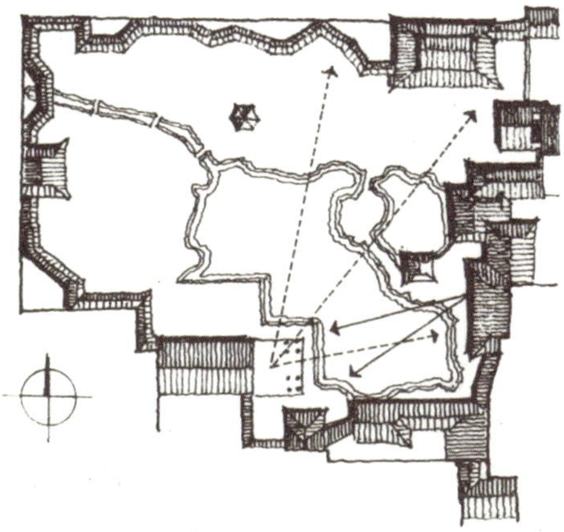

图 5–12　留园明瑟楼视线关系

明瑟楼一层有匾额“恰杭”。“杭”与“航”同音，仿佛说明了这正是一艘船在水面上航行，颇有意境。涵碧山房前的月台是中部景区的最佳观赏点，景观层次丰富。从月台西折上爬山廊，登“闻木樨香轩”，便到达鸟瞰中部景区的最佳位置：对面的曲溪楼、西楼、清风池馆、汲古得绠处及远翠阁等建筑高低错落，与南面的绿荫轩、明瑟楼、涵碧山房相连，结合水中倒影，形成粉墙黛瓦的优美长卷（见图 5–13）。

图 5–14 展示的是自明瑟楼下观赏景区东、北部秀丽景色：从明瑟楼向外看，可以看到小蓬莱、濠濮亭和曲溪楼等景观，一池三岛，狭窄的山涧以及周边的曲溪楼，整个景区山明水秀、秀丽幽旷。

图 5-13　远观明瑟楼

图 5-14　自明瑟楼下观景

（4）拙政园远香堂。

以远香堂为主，北至雪香云蔚亭形成拙政园的南北向主轴线。远香堂不但是中园的主体建筑，而且是整个拙政园的主体建筑，其中中部的诸多建筑都是以远香堂为中心展开的，与之形成对景。

远香堂原为主人宴请宾客之处，四面皆为通透长窗，可以看到四周的美景。往东可看到假山之上的绣绮亭，通透的窗户可增加空间的层次感，形成对景。往北是广阔的湖水，湖中植荷花，景色宜人，对景为荷风四面亭。北山上的雪香云蔚亭对着远香堂，不仅空间布局上相对，建筑外形上也相似，都是长方形歇山顶，但其具体形制又有不同。此外，还能隐约见到北山上的另外一亭——待霜亭的一角。一藏一露给人以无尽的想象，趣味十足。

这几个对景的建筑中（见图 5-15、图 5-16、图 5-17），两者间都形成了看与被看的关系。从某种程度上来说，周围的几个亭（见图 5-18、图 5-19、图 5-20）都处在相对较高的位置，形成了一道亮丽的景观。反过来，站在亭中之人又可以在高处看到远香堂，这时远香堂又成了它们的对景。

图 5-15　拙政园小飞虹

图 5-16　拙政园别有洞天内景

图 5-17　梧竹幽居亭内景

图 5-18　拙政园雪香云蔚亭

图 5-19　绣绮亭

图 5-20　远香堂望待霜亭

5.1.2　现代景观中的主景与对景

在现代景观设计的平面布置中，往往有一定的建筑轴线和道路轴线，在尽端安排的景物称为对景。对景往往是平面构图和立体造型的视觉中心，对整个景观设计起着主导作用。对景可以分为直接对景和间接对景。直接对景是视觉最容易发现的景，如道路尽端的亭台、花架等，一目了然；间接对景不一定在道路的轴线或行走的路线上，其布局的位置往往有所隐蔽或偏移，给人以惊喜或若隐若现之感。设计师可以将优美的自然景观设置在两个相对位置，这样不管游客站在哪个角度观赏哪个位置，都能将全部美景纳入眼底，在观赏位置变换中眼观美景，体会截然不同的自然美感。在现代景观中，如果观赏角度局限性较大，处于无景可借、无景可寻的状况，就可以使用对景造园手法，利用园中的各种景观要素构成对景关系，达到处处皆出彩、处处皆风景的效果。

以汤山矿坑公园为例，分析现代景观中的主景与对景。

汤山矿坑公园是南京景区之一，位于南京市江宁区汤山国家旅游度假区，汤山山体南麓。场地原本是一个废弃的采石场，项目的初衷是让这几个赫然的宕口复绿，并为未来的旅游休闲活动提供场所。根据原有山体上有多个采石坑且互相独立并不相通的现状特点，专家组商议后决定依据地形赋予每个采石坑不同的新定位——亲子乐园、温泉酒店、房车营地等，打造一个集科普教育、休闲度假、温泉娱乐于一体，以山为幕的特色矿坑体验公园。图 5–21 展示的是整个矿坑公园的全景鸟瞰。

从园区的主要道路进入矿坑公园，径直抵达图 5–22 中 A 处，可以看到一个自然汇水而成的湿地湖泊区，在水面的对岸有着葱郁的植物和蜿蜒曲折的道路。水面东侧为湿地景观，水面的边缘区域用块石和草坡做成自然式驳岸，与水面一起构成了自然、平缓、安静的景观氛围。这里就是矿坑公园的入口区，与 A 处形成对景的是对岸的自然景观，能够给游人带来非常自然安静的观景感受。

图 5–21　汤山矿坑公园鸟瞰图

图 5–22　人行入口区对景关系

图 5–23 展示的是 A 处东北侧方向水面景观，安静的水面景观与周边破损的山体石壁所构成的景观效果营造了自然山水文化的景观意境。

向前继续行进，豁然开朗，这里就是游客中心。

图 5–24 展示的是从游客中心位置观赏东侧茶室的景观效果。游客中心与茶室隔湖相望，中间岛屿两侧搭桥，使两座建筑产生联系，成为进入矿坑公园后的一处重要的对景。从游客中心的位置既可回看 A 处又可远观攒子涧瀑布（见图 5–25），两处的观景效果会产生强烈的反差，近处为平静的湖面而远处为飞流直下的瀑布，带给游人非比寻常的观赏体验。

沿着小桥来到湖中央岛屿，又可以看到地形与水流营造的别样景观，在人为的改造完善下，形成了三叠湖的安逸景象。水流层层叠叠顺势而下，各种形式的自然景象映入眼帘（见图 5–26）。

图 5–23　A 处东北侧方向水面景观

图 5–24　游客中心东侧对景茶室建筑

图 5–25　攒子涧瀑布

图 5–26　远观攒子涧瀑布

图 5–27　从湖中心望向北侧残缺山体

图 5–27 展示的是从湖中心向北侧看残缺山体和瀑布的景观。这里的景观跟刚才的又不相同，近处平静的水面和远处巍峨残缺的山峰产生了虚与实的关系，利用地形的变化将景物之间的层次展现在游人面前，通过水系的动静结合使之产生连续性，成为矿山公园若干对景关系中的重要组合。

从湖面向星空餐厅望去，优美的建筑赫然出现在眼前，由于地形地势和建筑本身造型的原因，尤其引人注目。

图 5–28、图 5–29 是从湖面向音乐餐厅望去，与岸边形成对景的关系，再加上地形的原因，使这种视觉联系感更为强烈。

图 5–28　星空餐厅

图 5–29　远观星空餐厅建筑

路过矿野拾趣就来到了天空走廊节点，婉转曲折的锈板材质步道与残缺的岩壁形成了别样的粗犷美感（见图 5–30）。

天空走廊（见图 5–31）一来是最大限度地保护了自然，二来也给游客带来了愉快浪漫的体验。远看宕口伤痕累累，走进却气势恢宏。不论是岩石缝隙中的植被，还是空地处栽培的植物，都与冷峻的石壁形成漂亮的肌理。从走廊看向地面的圆形步道，成为这个宕口最重要的一对对景关系（见图 5–32）。

图 5–30　锈板材料与环境相互融合

图 5–31　天空走廊

图 5–32　廊体随山势而建

5.2 渗透与层次

5.2.1 传统园林中的渗透与层次

空间是传统园林的重要组成部分。在进行传统园林庭院空间组合时，采取的方法是交替运用室外空间与室内空间的大小、序列及对比。通过大小庭院或天井空间灵活穿插在其中，并与曲廊相结合，呈现出错落变化的园林空间。各空间之间实现了自由流通与相互渗透，从而完美体现了空间的丰富性和渗透性。主要手段有用分割渗透加强景深、空间的多重渗透以及对借景和框景的使用等（见图 5–33）。传统园林空间以“庭院深深深几许”的空间境界化解了无限与有限之间的矛盾。从某种意义上来讲，虚与实、相互渗透等都是为了求得幽深、含蓄而采取的手段。在中国传统园林空间组合中，建筑与庭院融为一体，“我中有你，你中有我”，水乳交融，呈现出传统园林丰富的空间、多样的层次及广泛的内涵。

（1）拙政园与谁同坐轩。

与谁同坐轩为苏州园林拙政园中一亭，也是其重要景点之一，筑于西园水中小岛的东南角，东南朝向，面对别有洞天的月洞门，背衬葱翠小山，前临碧波清池，环境十分幽美。

图 5–33 展示的是与谁同坐轩近景。整个建筑立于水面之上，与周围树木连廊相互呼应，自然嵌入环境之中。

图 5–34 展示的是从与谁同坐轩内部通过漏窗向外看的样子，外面的笠亭屋顶以及绿色植物通过扇形漏窗渗透到亭内，形成扇形窗内景色。人在轩中，无论是倚门远眺，还是依窗近观，均可感到前后左右美景不断，惊喜有趣。

图 5–33　与谁同坐轩近景

图 5–34　扇形窗外景色

扇面亭的位置选择和处理也是十分有趣的，不仅正面临水开阔，而且其他三面通过门洞、窗口均有景渗入（见图 5–35、图 5–36），这使得从亭内观景可以得到更为丰富有层次的观赏体验。

图 5–35　与谁同坐轩内景

图 5–36　与谁同坐轩外景

（2）留园石林小院。

石林小院（见图 5–37、图 5–38）是五峰仙馆到林泉耆硕之馆之间的过渡性空间，面积不大，却通过曲廊将空间分割为六个院落和八个天井。小院绕以回廊，间以砖框、花窗，与院中的湖石、芭蕉、修竹结合，犹如一幅立体山水画，妙趣横生。

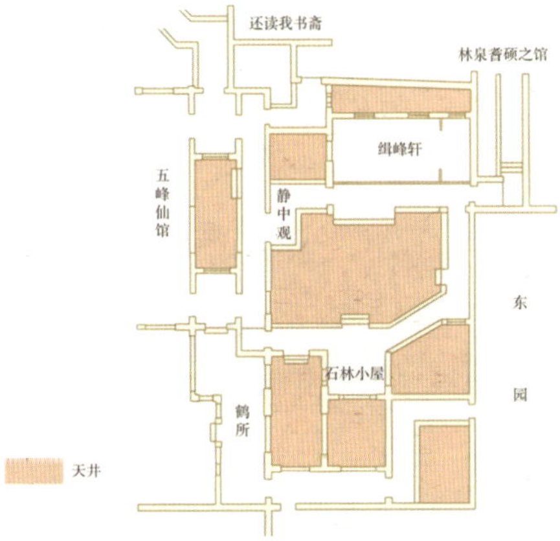

图 5–37　石林小院平面图

图 5–38　石林小院内景

图 5–39 展示的是通过窗洞看五峰仙馆前院的景观效果。五峰仙馆前院，建筑体量很大，厅前假山挺秀，厅前小院用青石铺成冰裂纹地面，颇有趣味性。

建筑转角处加设窗框，可以增强空间的层次和变化。通过窗框的开设，可以实现多个空间的相互渗透，使景色更加丰富有趣，从而带给人们更加有层次感的观赏体验（见图 5–40、图 5–41）。

图 5–39　窗洞看五峰仙馆前院

图 5–40　透过窗框望院内景色

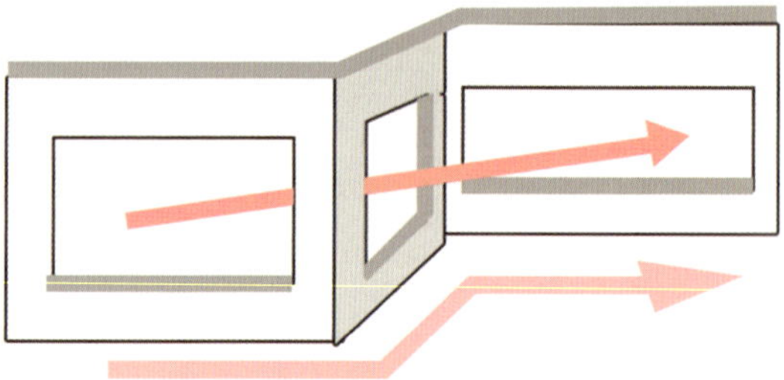

图 5–41　渗透与层次关系示意图

图 5–42、图 5–43 是传统园林常用的花窗样式和窗洞样式。

图 5–42　花窗样式

图 5–43　窗洞样式

图 5–44 展示的是通过不同角度观赏石林小院。由此可见，空间的相互渗透中框景与借景的手法是十分重要的两个方面，能起到过渡、引导、暗示的作用，也能实现景中有景。

图 5–44　不同角度观赏石林小院内景

（3）留园曲溪楼至西楼一段。

经过留园入口的三收三放后向右前方行进，便到了曲溪楼至西楼一段（其正立面图见图 5–45）。曲溪楼过道侧墙上所开设的漏窗使空间在隔绝与连通中产生了变化，造园者在楼道墙上开空窗，取窗外景物于楼道之中，从而使游人无穿行过道的感觉。

图 5–45　曲溪楼至西楼一段正立面图

图 5–46 展示了这一段路径上不同的门窗类型：先是一连四个方形有格栅的窗洞，接着是一个无遮无拦的矩形窗洞，接着是一个八角形门洞，接着又是一个无遮无拦的矩形窗洞，然后经过一小段过渡性的空间至西楼，设有两个方形有格栅的窗洞，抵达西楼后又是两个无遮无拦的矩形窗洞。各种形式的窗洞使主景区若隐若现地展示在游客的面前，每个窗洞前的观景感受均有所不同。

图 5–46　曲溪楼过道侧墙漏窗排列

图 5–47 展示的是进入曲溪楼过道后所看到的格栅窗洞。游人首先通过这几个窗洞观赏到院内景色，景色若隐若现，给人以朦胧的观赏体验。

图 5–47　曲溪楼过道侧墙漏窗样式

图 5–48　曲溪楼过道侧墙第一个矩形窗口观景

图 5–48 展示的是从第一个矩形窗口观赏明瑟楼及留园中部的景色。从窗口中看，园内景色一览无余，开敞感扑面而来。

走过第一个矩形窗口后就到了八角门。图 5–49 展示的是从八角门望向明瑟楼。独特的窗口造型将园内景色框住，并随游人视角的变化而变化，连续的景色渗透使观赏达到高潮。

如果还在曲廊里前行，就会来到第二个矩形窗口前（见图 5–50），在这里可以看到濠濮亭的一角。濠濮亭位于中部水池，“小蓬莱”东侧。亭为方形四角，单檐歇山卷棚顶，下置明式砖栏，其北挑出水面而筑，从这里可以驻足欣赏风景。

图 5–49　曲溪楼过道侧墙八角门

图 5–50　曲溪楼过道侧墙第二个矩形窗口

图 5–51 展示的是后续的两个带栅格的窗洞，其样式较前面四个栅格窗洞更为繁复精美，吸引游人驻足观看。

图 5–51　曲溪楼过道侧墙栅格窗洞

接着来到第三个矩形窗口（见图 5–52），透过窗口可以看到由立石绿植和濠濮亭组成的一幅美丽画卷。

最后一个矩形窗口（见图 5–53），通过它可以看到清风池馆一角和小蓬莱北部的景桥园内远中近三个层次的景色，观赏体验更为丰富。

图 5–52　曲溪楼过道侧墙第三个矩形窗口

图 5–53　曲溪楼过道侧墙最后一个矩形窗口

（4）拙政园小飞虹。

拙政园小飞虹是苏州园林中唯一的廊桥，可谓是拙政园的精华所在。拙政园小飞虹利用廊桥将两端的连廊进行连通，同时又将前后景色关系划分层次，进行空间的分隔和连通，增强了空间的丰富性。

图 5–54 展示的是小飞虹近景。桥面两侧设有万字护栏，三间八柱，覆盖廊屋，檐枋下饰以倒挂楣子，桥两端与曲廊相连。站在小飞虹上，饱览周围的水景、廊景、葱郁的植被，隐约可见远处的荷风四面亭、见山楼，近处又可以见到北面的香洲、南面的小沧浪，节点位置利用得极为妥善，从而造就了相互渗透、层次极为丰富的景观效果。

图 5–55 展示的是越过小飞虹回看松风亭的景色效果。利用廊桥将这条轴线上的景物划分为前、中、后三个层次，廊桥的加入使前后景色虚实结合、相互渗透、富于变化。

图 5–54　小飞虹近景

图 5–55　越过小飞虹回看松风亭景观效果

（5）拙政园北寺塔。

拙政园借北寺塔之景，是为远借（二者位置见图 5–56）。从东园过中园门洞，在倚虹亭下抬眼看去，一塔昭然浮于树杪（见图 5–57），与原有的曲廊、亭榭、石桥、花木、池水相得益彰，毫不违和。尤其夕阳西下，余晖漫天，古塔衰柳，秋水寒烟，一眼望去有种穿越历史尘烟的苍凉之感。

图 5–58 展示的是从梧竹幽居透过漏窗观看北寺塔的景色。景色通过漏窗渗透到梧竹幽居，漏窗将景色分割，从而使这条轴线上的景色更加有层次感。

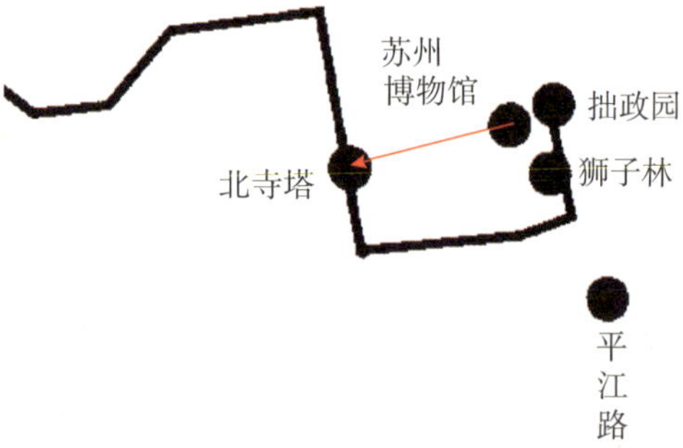

图 5–56　拙政园与北寺塔位置示意图

图 5–57　从拙政园远观北寺塔

图 5–58　透过漏窗观看北寺塔景色

拙政园本身不可能建造这个体量的塔，然而却可以通过借景手法将其引入园内：迎面是舒展的水面，视线掠过曲桥、方亭，不远处一座玲珑宝塔露出大半个身段。这璀璨之塔，倒映池中，有朦胧的“远”，有塔顶的“高”，还有倒影的“深”，景观层次丰富，可谓“借景一塔，满园皆活”。

5.2.2 现代景观中的渗透与层次

在现代景观的设计中，空间的渗透与层次也是设计师在思考设计方案时不可忽视和缺少的一部分。传统园林中的渗透与层次方法与现代西方流动空间理论有着异曲同工之妙，都是将不同个体空间通过一定的手段进行联系，使其空间产生关联性和互通性。在这一点上，中国传统园林侧重的是通过空间的虚实叠加，将景色层层映入游人眼帘，使游人在观景上产生“山外有山，虽断而不断；树外有树，似连而非连”的视觉体验感。在现代景观设计中，渗透与层次主要体现在空间的组织形式上，在设计方面注重空间之间的相互联系融合，使在空间中游览的人获得连续不断的观景体验；同时还借鉴了传统园林中如框景、对景等具体手法，在空间处理上灵活多样，使内外空间非常自然地过渡与联系。空间节奏极富感染力，不仅丰富了群体空间形态，还形成了独特的艺术气氛。

上海静安雕塑公园（其平面图见图 5–59）位于上海市中心，总面积达 6 公顷，是兼具生态功能、文化功能以及艺术功能的城市公共空间。俗话说“造园必先相地”，但起初，这片用地并不适合造园，其周边用地与地形都给造园带来了一定难度。面对如此严峻的考验，中国传统园林的空间渗透手法在景观的营造上起了很大的作用并得到了完美的呈现。

公园西南角主入口耸立着多个巨型风向车（见图 5–60）。风向车体积巨大，有遮蔽游人视线的作用，可以作为障景来达到欲扬先抑的效果。

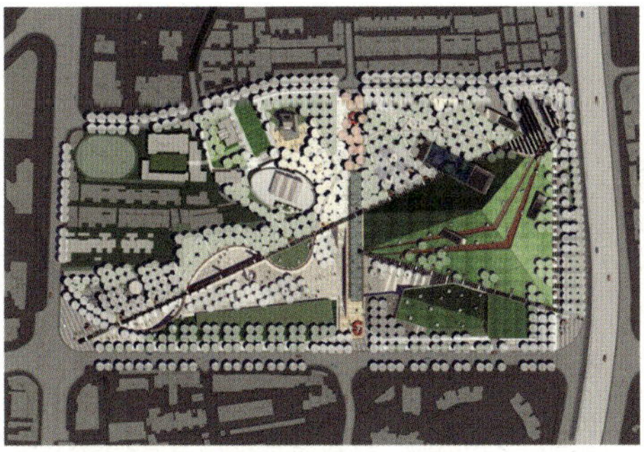

图 5–59　上海静安雕塑公园平面图

图 5–60　巨型风向车

巨型风向车的造型（见图 5–61）突破了传统样式，在风向车底部设计了孔洞，透过不同造型的孔洞可以看到静安雕塑公园的正门 LOGO 与掩映的树木（见图 5–62），用现代手法的框景形成了一幅当代的无框画，韵味别具一格，丰富了景深与入口景观。在风向车的一些零部件上也设计了大小不同的孔洞，仰望可以透过孔洞看到别样的蓝天，若是有飞鸟路过，便是最好的仰借素材。

图 5–61　巨型风向车造型

图 5–62　透过风向车孔洞看公园 LOGO

进入园中，根据导览路线继续向前，是一块较为宽敞的空地，空地中央是一个雕塑涌泉（见图 5–63），周边设有连廊相对，可作为休息场地。

空地周围的绿地上是各种雕塑的展览，在单调的绿地上变成美妙的添景，使绿地空间错落有致。

再向前是一条笔直狭长的参观步道（见图 5–64），道路左边是绿地，右边则是规整的岔路和修剪整齐的树列与花丛。树列与花丛正好遮蔽了临街马路的喧嚣，而游人的视线正好可以落到远处古老悠远的静安别墅。在通过夹景使游览路线丰富的同时，又通过远借增添了公园的历史厚重感。虽然一侧整齐的树列与花丛形式并不多变，但是间隔的雕塑展览（见图 5–65）倒也算是步移景异；现代感十足的树列与花丛显得尤为低调，使雕塑更加吸引眼球。

图 5–63　雕塑涌泉近景

图 5–64　参观步道

图 5–65　路边雕塑

在个别岔路上，还设置了雕塑门洞（见图 5–66），增添了景观的趣味性，可谓是一处别致的添景。透过门洞可以观看后面的景物，增加了前后空间的渗透和层次感。

走过狭长的展览通道，出现在眼前的是一片广阔的绿地，供人欣赏和休憩。可以躺在绿地上放松心情，仰借着周围高楼的围合，享受一片天空。绿地上摆放了各种雕塑（见图 5–67），有坐在台阶上的人物雕塑，还有对望的水牛，在作为对景的同时也可以作为添景，从而进行空间的渗透。

图 5–66　雕塑门洞

图 5–67　各种雕塑

绿地的一侧是现代感十足的红色木结构雕塑（见图 5–68）。雕塑由木材拼凑而成，零碎而曲折。透过琐碎的缝隙，可以看到对面被分割的支离破碎的景色。这种设计是中国传统园林中花窗的变体，可以使景色漏过缝隙进行渗透。另外，此雕塑还起到了障景的作用，通过雕塑的遮挡后，引导游人进入另一个天地——梅园。

图 5–68　红色木结构雕塑

上海静安雕塑公园中的梅园，是一个用垂直的矮墙与柱状围栏半封闭围合而成的园中园（见图 5–69），进门是一座直线条现代化的九曲桥，一端有人造水景用于点缀，另一端则露出半廊的一角。

图 5–69　梅园的矮墙与柱状围栏

通过障景，引导游人进入半廊（见图 5–70）。在经过半廊时，水面上有与矮墙相连的虚实结合的屏风。透过屏风，可以看到另一空间的绿地与雕塑。屏风之间的水面上，放置着一座太湖石雕塑（见图 5–71），在充分体现现代气息的同时，雕塑的孔洞更能使空间相互渗透掩映。在隔景与障景的完美配合下，各空间之间相互渗透、互相掩映，使本身局限的空间得到了突破。

图 5–70　园内引导路径

图 5–71　太湖石雕塑

一侧的水面上种植着三株古梅，古梅中间放置着雕塑（见图 5–72）。在靠近东边一侧的水面上则有两处山石，山石中间放置着一座山石雕塑（见图 5–73）。两处景观异曲同工，夹景凸显了人造雕塑，而水边的梅花（见图 5–74）与山石本身就有着天地的灵气，无须多加修饰，本来单调的水面顿时在空间渗透手法的作用下变得丰富。

图 5–72　梅花和雕塑

图 5–73　水面山石

图 5–74　水边古梅

在半廊的转折下，原有空间的后方又形成了一个园中园，真可谓“园中有园，景中有景”。此园中园为水景，水中央立了一个父与子的雕塑（见图 5–75），在周围景物的限制下尤为突出，使得水面不再单调，富于层次感。

图 5–75　父与子雕塑

上海市静安区面积不大，园林用地比较紧张，所以园林必须别致小巧，营造一个城区的小绿洲。从国际化、现代化及园林艺术等关键词中取舍，雕塑公园这个主题脱颖而出。雕塑来自世界各地，造型各异，在体现现代化的同时也能很好地用于空间渗透，达到延续空间的作用。

5.3　引导与暗示

5.3.1　传统园林中的引导与暗示

在传统园林的设计中，无论是江南的私家园林还是北方的皇家园林，都将引导与暗示的设计手法体现得淋漓尽致。引导是造园者巧妙地利用地形与路径使游人从入口处开始循着其路线的变化转折向前行进，在行进的途中，通过每个景观节点的设置，不断引导游人向前探索，让游人体验到“一步一景，人动景动”的独特感受，从而领略畅游园林的独特魅力。暗示是运用构园的基本元素，从虚实两方面暗示，以对园林的神思与韵味进行创造和烘托。这也是中国传统园林意境的精妙所在。

（1）拙政园波形水廊。

波形水廊（见图 5–76）是拙政园的中部和西部的分界线，自别有洞天开始，连接倒影楼等，至三十六鸳鸯馆结束。水廊傍池而建，廊中部有处面西小榭，称为“钓台”。

图 5–77 展示的是波形水廊内部。波形水廊依水而建，最初的目的是分隔西园和中园，

还可以起到引导人流的作用。廊作为一种带有强烈导向性的线性空间，被造园者巧妙利用，达到了很好的效果，同时将园林或庭院中的各个景点或小品连接有序，即使分散也不会显得混乱，将单个建筑连成一片，还可以与园中小径将室内外巧妙结合。

图 5–78 展示的是波形水廊立面上的曲折引导效果。波形水廊的另一个特点就是随池水而高低变化，这时廊的空间性就体现出来了。波形水廊不仅在平面上看蜿蜒曲折，在立面上也是随着地形的高低起伏而变化的，打破了长廊过于平坦给人带来的单调感，使立面空间更为丰富有趣。

图 5–76　波形水廊

图 5–77　波形水廊内部

图 5–78　远观波形水廊

（2）留园入口。

留园入口区域（见图 5–79、图 5–80），造园者采用收放、序列渐进的手法处理，运用建筑大小、方向、明暗的对比，设置了“三收三放”的空间，引导和暗示游人向前方进行探索。

图 5–79　留园入口位置示意图

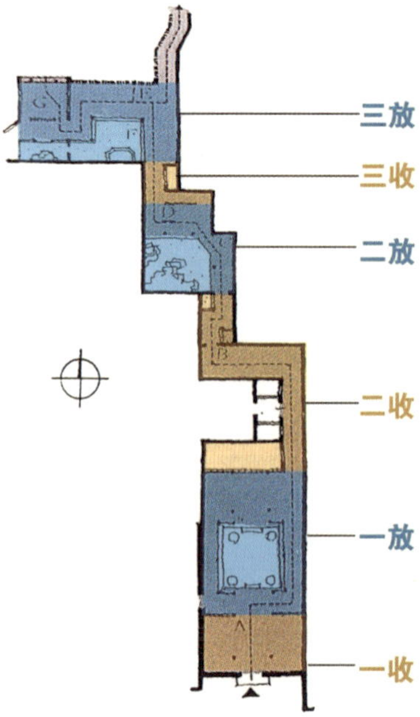

图 5–80　留园入口处景观序列

进入大门，有一屏风遮挡（见图 5–81），形成了一个非常狭小的空间，这是空间的第一次收缩。屏风上的匾额写着“吴下名园”（见图 5–82），在昭示着留园显赫的地位，同时给人以严肃之感。

图 5–81　入口屏风

图 5–82　“吴下名园”匾额

过了屏风，有了第一个较为开敞的空间，形成了大厅。大厅正对着入门后的第一个天井（见图 5–83），两侧游廊引导着人们进入下一空间。

大厅右前方，为一曲尺形走廊（见图 5–84、图 5–85）。走廊的两处拐角，将本应呈现的景物挡住，人为地增加了观景障碍，同时造园者也在暗示游人期待下一处风景的出现。虽然空间狭长，但视线开始变得丰富，光线开始增强，同时，外景的引入提高了观赏性。逐渐放开的景致也在不断吸引着游客向前行走。

图 5–83　第一个天井

图 5–84　曲尺形走廊

图 5–85　曲尺形走廊转折处

曲廊的最后一折设置了两处小天井（见图 5–86），此处已经能在廊内欣赏植物了，自然光的方向变为垂直，仿佛预示着园林的到来。

继续沿曲廊向北，出现了更大的天井（见图 5–87）。这里的植物已经不是单株种植，而形成了山石花台，自然群植。此处光线更加明亮，建筑开始出现自由的折线。空间已经倾向于半开敞式，逐步激发游人的好奇心并进一步引导和暗示游人向前行进。

图 5–86　曲廊最后转折处小天井

图 5–87　空间较大的天井

从天井再往北走，为窄门。窄门是欣赏园林前最后一处收缩之地，也是备弄中最窄的地方，上方题写着“长流天地间”（见图 5–88），是园林的点题之作。穿过这个门洞，可以说就进入园林腹地了。

过了窄门，与园林仅有一墙之隔，但仍见不到园林全景。这里的空间再一次放开，左手边，靠墙种植山茶、翠柏各一棵，开花时红绿交映，名叫“古木交柯”（见图 5–89）。

图 5–88　“长流天地间”门洞

图 5–89　“古木交柯”小景

窄门北，又见一门。门极狭（见图 5–90），仅通人。左侧漏窗已能得见水景（见图 5–91），光漏窗而过映在墙壁的拓书上，增添了一些观赏之趣。由此而过，就是园林建筑曲溪楼。从楼门进园，便开启了园林的游赏。

图 5–90　狭窄门洞

图 5–91　透过漏窗观景效果

留园这一段长约 50 米的入口，通过狭长空间的曲折变化、漏景和障景的处理手法，将欲扬先抑、欲露先藏的设计技巧体现得淋漓尽致。结合整座园子的空间来看，这就好像交响乐的第一乐章，节奏舒缓但旋律渐强，是造园者有意对游人的引导与暗示，每一处都给人以期待。

（3）苏州畅园。

苏州畅园是一处始建于清代的传统园林建筑。畅园为苏州小型园林的典型，建于清末，园主姓潘。该园造园手法细腻，面积虽小却布局巧妙，园景丰富而多层次，具有精致玲珑的特色。

图 5–92　游廊

图 5–92 展示的是畅园游廊。由于纵向狭长，园内主要厅堂留云山房只能设在园的后部。自入口经桐华书屋进至园内，如果不加以引导，空间序列必将因为失去连贯性而中断。

由于设置了游廊，便自然地把人吸引至园的东侧，并沿着曲廊向纵深前进。这时，游廊产生引导路径的作用。

（4）颐和园长廊。

颐和园长廊在万寿山南麓和昆明湖北岸之间。长廊如彩带一般，把前山各风景点紧紧连接起来，又以排云殿为中心自然而然地把风景点分为东西两部分。廊中夹亭，这些亭既有点景作用又有一定距离倚衬和支撑长廊的妙用。

颐和园主入口位于东部，首先看到的是仁寿殿等建筑群，而颐和园主要景区则位于万寿山建筑群（见图 5–93），这一段路程则需要路径的引导才能到达。造园者通过横贯东西的长廊将游人引导至主要景区前，给游人提供了最佳观景路线，避免了游园路线的混乱，给人以更好的观景体验。

图 5–94 展示的是长廊的东入口，名为邀月门，位于乐寿堂院西侧，是一座坐西朝东的歇山式垂花门。

图 5–95 展示的是长廊内部路径。廊体北侧为建筑群，南侧临昆明湖，湖光山色，甚为壮观，游人在行走的过程中并不会感到单调。笔直的路径对游人的心理产生影响，引导人们顺着其指定方向有目的地行走。

留佳亭（见图 5–96）为长廊东起第一亭，代表春季，建筑面积 21.5 平方米，重檐八脊攒尖顶，面南悬有“留佳亭”匾额。

图 5–97 展示的是位于长廊西侧的对鸥舫节点。对鸥舫因形似画舫而得名，是欣赏湖水鸥鸟的水边画舫。这种每隔一段距离就出现一处节点的营造方式，使得长廊在引导过程中避免出现单调乏味的观赏体验，增加了其韵律感和节奏感，使游人有目的地行进。

图 5–98 展示的是寄澜亭。寄澜亭是长廊中的第二座观景亭。长廊延至寄澜亭处，路面不仅有了起伏变化，走向也由此亭南折。

图 5–93　万寿山建筑群

图 5–94　邀月门

图 5–95　长廊内部路径

图 5–96　留佳亭

图 5–97　对鸥舫

图 5–98　寄澜亭

图 5–99　长廊曲折处

图 5–99 展示的是长廊的曲折之处，线条从笔直转向带有弧度的路线，使得游人在观赏过程中怀着探索的心理行进，加强了长廊的路径形式变化所产生的引导性。自此再向前继续行进可途经云辉玉宇牌楼、秋水亭、清遥亭等景观节点。通过这种曲折变化加以节点的设置，引导和暗示游人向其所指引的方向前进，这便是颐和园长廊空间设计的巧妙之处。

5.3.2　现代景观设计中的引导与暗示

现代景观设计引导的手法是多种多样的，采用的材质有水体、铺地等。如公园的水体，水流时大时小、水面时宽时窄。一个景观方案设计创作，关键在于引导的处理。引导是个抽象的概念，它与具体景象要素融为一体而体现园林思想与实用的全部内容。因此，引导决定诸景象空间关系，组织景观的更替变化，规定景观展示的程序、显现的方位、隐显的久暂以及观赏距离。暗示的手法包括明示和暗示。明示是指采用文字说明的形式，如路标、指示牌等小品；暗示可以通过地面铺装、树木的有规律布置指引方向和去处，给人以“身随景移，柳暗花明又一村”的感觉。

昌里园（见图 5–100、图 5–101）位于上海浦东世博园区南侧的周家渡街道，是一片高密度的生活街区，拥有许多非常典型的大型居住社区，呈半弧形延展的南码头路从其中穿越而过。

图 5–100　俯瞰昌里园游廊局部

图 5–101　昌里园游廊内部

2018 年的拆违整治项目，将南码头路东侧喧闹杂乱的商业店铺拆除清理，在昌五小区的边界处留下了一段 350 多米长的圆弧形围墙绿地，面对城市形成了一道单调、冗长的边界，而在小区内部也留下一段荒芜封闭的杂草丛生地。

图 5–102 展示的是改造前的基址面貌。作为小区与马路之间的边界空间，狭窄细长是其痛点，但这又为昌里园游廊的设计提供了理想场地。

图 5–102　改造前基址面貌

改造设计中首先确立了折线形的游园路径。根据沿街住宅楼的排列、围墙内外的树木环境和街道功能，游廊的走向相应地内外凹凸，不仅与小区内部的环境形成了呼应、扩展了视野，同时线性的空间也起到了引导作用，致敬了传统园林道路设计中婉转曲折的设计手法，两者有着异曲同工之妙。

图 5–103、图 5–104 展示的是改造前后的轴测对比。游廊的曲折错动容纳了因地制宜布局的场所节点，能够让途经此地的人产生好奇心与探索欲。

图 5–105、图 5–106 展示的是游廊的沿街界面。游廊两面的不同隔断方式——一面为格子墙，一面为开敞空间与街道隔断——在丰富了游廊样式的同时还能够引导游人按照设计者既定的路径行进。

图 5–107、图 5–108 展示的是道路与小区之间的缓冲区域。因为功能和需求的限制改变了游廊的转折形式，而这种路径的转折、障景、漏景的处理都借鉴了传统园林中廊的处理手法，婉转曲折，引人入胜。

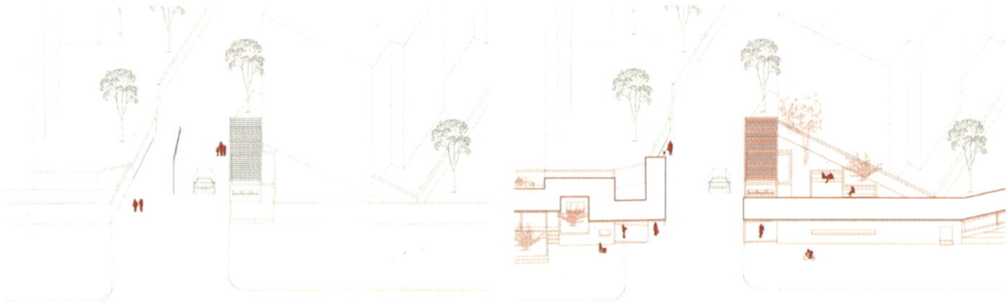

图 5–103　改造前后局部轴测对比（1）

图 5–104　改造前后局部轴测对比（2）

图 5–105　远观游廊立面

图 5–106　游廊沿街界面

图 5–107　游廊转折处空间

图 5–108　游廊临街缓冲地带

拙政园长廊中的渡口和突出的水泵房墙体与长廊开口这两处景观有着相似的处理手法，二者虽不是出于同一目的，但实现了同样的景观效果和功能。

图 5–109～图 5–112 展示的是游廊内部空间。游廊中很多地方借鉴了中国传统园林中的处理手法，如框景、漏景以及通过道路的曲折变化障景等，都在一定程度上引导和暗示着游客继续向前进行探索。

图 5–109　游廊内部空间

图 5–110　游廊内部座凳

图 5–111　游廊转折处框景手法借鉴

图 5–112　游廊内部

尽管私有的、内向式的园林在空间尺度与场所精神等方面与开放的、公共性的城市有着天壤之别，但基于二者在构成上的相似性，造园策略有潜力介入城市更新的场景中，而这无疑是一次大胆的尝试。

5.4 高低与起伏

5.4.1 传统园林中的高低与起伏

传统园林设计中，有不少利用地形的高低起伏变化来设置路径、建筑、廊道等元素的案例，其中以北方的颐和园和承德避暑山庄最为知名，这很大程度上是因为其场地选取的特殊性。颐和园的主要景点都位于万寿山上，造园者充分利用地形设置建筑在轴线上的高低层次，通过爬山廊、阶梯的布置来连接不同高度层次的建筑和景观节点，给人带来层次丰富、独特有趣的观赏体验。也正是因为地形的原因，使得这座皇家园林展现出宏伟庄严的气势。因此，在传统园林中，为了避免出现一览无余的情况，高低起伏的造园手法成为造园者丰富景观层次的一个重要手段。

（1）颐和园云辉玉宇牌楼至佛香阁一段。

颐和园云辉玉宇牌楼至佛香阁一段，万寿山地势的高低起伏变化给造园者带来挑战的同时也带来了机遇。造园者博采各地造园手法，地貌地形完全任其自然，以高低起伏突出山水这个主体，使得颐和园既有北方山川的雄浑宏阔又有江南水乡的清丽婉约。

图 5–113 从云辉玉宇牌楼遥看佛香阁

图 5–113 展示的是从云辉玉宇牌楼遥看佛香阁，可充分观赏到因地形高低起伏所带来的景观层次感。排云殿中轴线景区主要建筑依山势而建，由南向北、由低到高依次为云辉玉宇牌楼、排云门、金水桥、二宫门、排云殿、德辉殿、佛香阁山门、佛香阁、众香界琉璃牌楼、智慧海（无梁殿）等。

图 5–114 展示的是排云殿入口处，正门为排云门。从颐和园东宫门进入颐和园后向西走，穿过乐寿堂就会看到长廊，在长廊的中部万寿山下就是排云殿所在的位置。排云殿位于颐和园万寿山前建筑的中心部位。

图 5–115 展示的是从进入排云门后的院落仰视佛香阁。从这个角度就可以看出造园者利用地形逐级而上的景观序列设置。进入排云门共三进院落。从排云门进入后，首先看到的是金水桥，金水桥后面是二宫门，东西两侧分别是玉华殿和云锦殿，这两个殿原是清漪园时期大报恩延寿寺的钟楼和鼓楼。

图 5–114　排云殿入口处

图 5–115　从进入排云门后的院落仰视佛香阁

图 5–116 展示的是从不同角度看向德辉殿。过了排云殿就是德辉殿。随着山势的升高，德辉殿与排云殿已不在一个平面，进入德辉殿的路径也因此随着地形变得陡峭。在排云殿和德辉殿的中间有楼梯，两侧有爬山廊。

图 5–116　从不同角度望向德辉殿

从德辉殿往西看，此处为清华轩（见图 5–117），同样利用地势地形和周围山石产生了高低起伏的错落感，增加了游人在观赏体验上的层次感。

图 5–118 展示的是仰视佛香阁。造园者利用地形地势将佛香阁建造在高点处，建筑高 41 米，八面三层四重檐，气势宏伟，中正庄严，是颐和园的标志性建筑。仰视佛香阁能够感受到皇家园林的威严和庄重。

图 5–117　德辉殿望向清华轩

图 5–118　仰视佛香阁

图 5–119 展示的是从佛香阁回望云辉玉宇牌楼。从这一角度看去，整个昆明湖一览无余，南湖岛犹如一只老龟伏在水面，而西堤则如浮在水面的一根游丝。此处是昆明湖绝佳观赏地。

图 5–119　佛香阁回望云辉玉宇牌楼

从颐和园云辉玉宇到佛香阁这一段距离，充分展示了造园者营造皇家园林的巧妙设计手法和心思，同时展现了古代造园者的智慧。

（2）颐和园画中游建筑群。

颐和园画中游部分（见图 5–120～图 5–123）是万寿山西部重要的点景建筑，中为八角两层楼阁，东西配置两亭两楼，后有石牌楼和正殿三间，各有爬山廊沟通。由于建筑倚山而筑，视野开阔，循廊观景，仿佛置身于画中，故名“画中游”。此处地势坡度较大，各个建筑因地制宜，随山就势，是一组极具特色的建筑群。

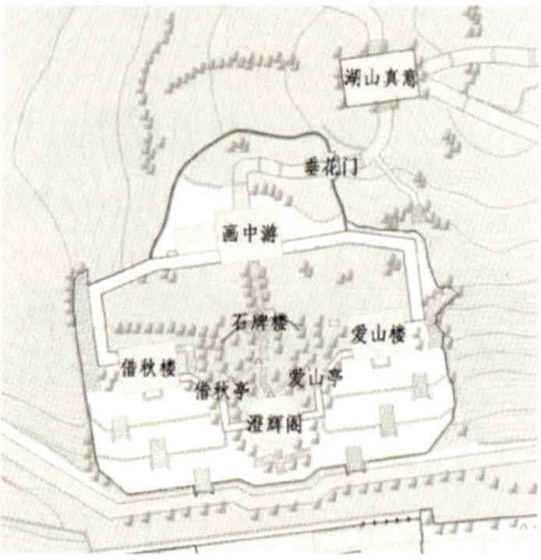

图 5–120　画中游建筑群位置示意图

图 5–124 展示的是澄辉阁一层内景。画中游建筑群以爱山楼、借秋楼和石牌楼以南的庭园部分为第一层次。

它是以八方形阁澄辉阁为中心，东接爱山楼，西接借秋楼，顺地形的等高线布置叠落状的三层台地。

图 5–121　画中游建筑群剖面图

图 5–122　远观画中游建筑群

图 5–123　画中游建筑

图 5–124　澄辉阁一层内景

图 5–125 展示的是画中游的爬山游廊。廊体依山而建，随山就势，充分结合地形，创造出高低起伏的层次感。

图 5–126 展示的是画中游建筑屋顶。由于地形的起伏变化，建筑在体量和高度上也发生变化，形成错落有致的独特建筑美感，再搭配皇家园林经典的琉璃瓦，使得建筑之间互相掩蔽、交相辉映。

图 5–127 展示的是通往画中游主殿路上的石牌楼。整个牌楼在地形上又上升一个层次，同时游人回看时又起到框景的作用。

画中游的第二层次以画中游主殿（见图 5–128）为中心，由两条环抱状爬山廊（见图 5–129）抱合起来。

颐和园画中游建筑群是造园者充分利用和结合山地的地形设计出的独一无二的建筑群，是一处极具山地特色的园中园。

图 5–125　画中游爬山游廊

图 5–126　画中游建筑屋顶

图 5–127　画中游主殿路上的石牌楼

图 5–128　画中游主殿

图 5–129　环抱状爬山廊

5.4.2 现代景观设计中的高低与起伏

地形是形成场地景观高低起伏的关键因素，也是园林和景观设计要素的载体，为景观要素提供赖以生存的基面。在现代景观的设计中，设计师同样充分利用地形来规划场地布局，形成合理的景观结构，并以此来丰富场地在竖向上的景观层次。除此之外，现代景观设计师也在其他一些方面使设计达到这一效果，具体包括微地形的创造、空中廊桥的搭建、抬升主要建筑高度等方法，其中创造微地形是在没有起伏条件的场地上通过人工创建的方式来实现竖向上的高低与起伏，突出层次和结构感。因此，高低与起伏的造园手法无论是在传统园林的营造上还是在现代景观的设计中，都有着十分重要的作用。

泰康拓荒牛项目位于广东省惠州市博罗县福田镇境内，罗浮山风景区后山（西侧）。项目用地自然条件优越，山清水秀，排水良好。设计师充分利用场地地形创造了一处独特的墓园景观。

图 5–130～图 5–133 展示的是泰康拓荒牛纪念园的鸟瞰图、平面图、分区图以及地形剖面图。从这些图片中我们可以清楚地看到，设计师将场地分为三个层次，其中在台地花海区充分利用台阶来顺应高差。

图 5–130　拓荒牛纪念园鸟瞰图

图 5–131　拓荒牛纪念园平面图

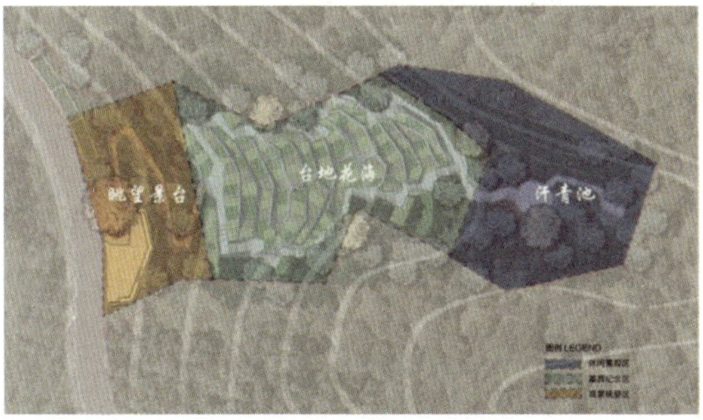

图 5–132　拓荒牛纪念园分区图

图 5–133　拓荒牛纪念园地形剖面图

对于纪念墓园性质的景观，设计师不去破坏与过度修饰，依山就势做台地式墓位处理，消化高差的同时也丰富了景观层次（见图 5–134）；保留直径 30 厘米以上古树，与台地墓地结合，去除小树杂树，保证墓区整体性，体现人与自然和谐相处之道。台地浅丘，花香弥漫，梯田式台阶被层层的浓荫绿草环抱，人工景观之美和山水自然之美和谐相融。

台地式的设计使得阶梯和开阔的组团空间相互融合构成一个整体（见图 5–135）。这种大尺寸铺装和不规则种植池的设计，在各个节点处连接形成一个开放空间。拾级而上，是坡顶的观景平台。

该项目亦注重人文关怀：场地台地高差大，特地采用简洁的线性栏杆（见图 5–136），依山就势与折线形台地基本线条结合。拉丝钢材质栏杆仅保留基本扶手的功能形态，在加强祭扫者心理安全感的同时，又在视觉上整体消隐，不抢整体台地景观的设计效果。

图 5–134　通过台阶顺应高差

图 5–135　台地式设计景观效果

图 5–136　简洁的线性栏杆

图 5–137 展示的是台地空间和开阔的组团空间相互融合，逐渐抬升的地势造就了独特的路径体验。

图 5–138 展示的是观景平台及其空间的细节。拾级而上走向观景平台，回头望去，整个景观台地展现在眼前。这是地形与艺术的完美融合。

图 5–137　台地空间与开阔空间融合

图 5–138　观景平台

泰康拓荒牛纪念园在台阶路径的设计上也充分结合地形（见图 5–139），在转折处设置台地，护坡矮墙也随着地形呈阶梯形。

一个以纪念基建工程兵历史为主题的纪念园在这种地形上进行设计建造，以此纪念那些峥嵘岁月里为推动国家历史进程而奋斗的“拓荒牛”。在这个场地上，我们也看到了传统园林中顺应地形建造和路径的设计，这是现代景观中利用高低起伏设计来营造场地空间的优秀案例。

图 5–139　台阶路径设计结合地形

本章小结

主要内容： 观景体验通俗讲就是园林中景物所带给人的心理感受，不同的主体对不同的景观营造会产生不同的观景体验，但园林中好的观景体验无外乎满足游人观赏、休闲、游憩等基本需求，在更高层次上来讲就是使游人与造园者产生情感上的共鸣，从而领悟造园者在建造方面的巧妙心思。观景体验的营造方法可以总结归纳为以下几个方面：主景与对景，渗透与层次，引导与暗示，高低与起伏。文中每一部分首先对概念做出梳理解释，然后对古典园林中的案例所体现的造景技巧进行深入剖析，最后结合案例提出现代景观设计中的演绎方式。

重点： 本章重点是了解传统园林中常用的造景手法及其相关概念。

难点： 本章难点是理解造景技巧与观赏体验的关系，将造景手法应用于方案设计中。

任务模块

思考任务

1. 阐述拙政园中部小飞虹一带景观渗透的层次序列。
2. 传统园林中通过引导与暗示造景手法的案例有哪些?
3. 举例阐述传统园林中采用了哪些造景手法。
4. 图文并茂地解释分析造景手法在传统园林中的应用。
5. 举例分析现代景观中运用造景手法的案例。
6. 造景手法的运用对于观赏体验有怎样的影响?
7. 传统园林的造景手法对于现代景观设计有何启示?

拓展任务

1. 观察分析留园明瑟楼所处位置并绘制与园内其他建筑的对景关系。
2. 观察留园石林小院空间，绘制鸟瞰透视图。
3. 观察与谁同坐轩，绘制其与倒影楼、浮翠阁、三十六鸳鸯馆的平面位置关系。
4. 绘制颐和园云辉玉宇牌楼至佛香阁一段剖面位置示意图。
5. 挖掘传统园林中其他类型的造景手法。
6. 通过对留园石林小院的了解，分析院内造景要素及其特点。

设计任务

1. 选择一处中国传统园林，用电脑绘制其平面图。
2. 对传统园林中的任意一座著名建筑进行 3D 建模制作。
3. 利用传统园林中的建筑、水体、山石等元素制作一件景观模型。
4. 选择 5 公顷左右的地块并利用主景与对景等造园手法完成一套现代滨水公园平面方案设计。
5. 利用电脑制作一套造景手法示意图。

章节资源

1. 彭一刚 . 中国古典园林分析［M］. 北京：中国建筑工业出版社，2008.

2. 胡长龙 . 园林规划设计［M］. 北京：中国农业出版社，2010.

3. 刘滨谊 . 现代景观规划设计［M］. 南京：东南大学出版社，2005.

4. 林墨飞 . 走向新景观：当代中国景观设计的思想演进与创作实践［M］. 北京：人民出版社，2020.

5. 邱冰 . 中国现代风景园林设计语言的本土化研究（1949—2009）［M］. 南京：东南大学出版社，2020.

6. 俞昌斌 . 源于中国的现代景观设计空间营造［M］. 北京：机械工业出版社，2013.

7. 杨玲，王中德 . 空间与意境的扩张：中国古典园林中的以小见大［J］. 中国园林，2008（4）.

8. 周向频 . 中国古典园林的结构分析［J］. 中国园林，1995（3）.

9. 宋珊，邹志荣 . 中国古典园林与现代园林的继承与发展［J］. 安徽农业科学，2009，37（14）.

10. 谢辉，程语，葛煜喆，毛华松 . 中国古典园林水声景的空间营造手法探析［J］. 南京林业大学学报（自然科学版），2019，43（3）.

11. 田朝阳，闫一冰，卫红 . 基于线、形分析的中外园林空间解读［J］. 中国园林，2015，31（1）.

12. 李树香，姚亦锋 . 中国古典园林的空间艺术［J］. 安徽农业科学，2007（1）.

13. 阎琦 . 空白之韵：中国古典园林空间布局的虚实相生［J］. 东南大学学报，2006（52）.

14. 陈莺 . 苏州古典园林的空间特点［J］. 西北林学院学报，2013，28（5）.

6. 匠心营造有门道

The Elegance of Garden Structures

6.1 傍池筑台——榭

在中国传统园林中，榭多建于水边，所以又称水榭，无论南北方，它都是常采用的水边建筑形式。根据南北方水榭的特点，可以将其含义归纳为：有平台伸入水面，平面形式多为长方形及其变形，设置休息椅凳，便于临水赏景的建筑。例如南京中山陵流徽榭（见图 6–1）。

图 6–1　南京中山陵流徽榭

6.1.1　榭的艺术特点

榭在传统园林中运用比较普遍，四面开敞，平面形式自由，常与廊、台组合，因与周围自然环境结合的不同而有不同的形式，通常分为两种，一种是水边的水榭，另一种是平地花畔的花榭。

图 6–2　苏州拙政园芙蓉榭

园林中常见的榭是水榭，它是傍池沼、借水景建造的园林建筑。如苏州拙政园芙蓉榭（见图 6–2）。水榭是一种借助于周围景色而建成的园林游憩建筑，要求水面景色优美，有景可借。水榭设于水边，造型不宜宏丽，宜优雅开敞。《营造法式》中说，水榭作为傍水之建筑物，或凌空作架，或傍池筑台。游人在水榭中以观景为主，可赏水景、赏荷、赏鱼、赏雨、赏倒影，其乐无穷。

水榭在园林中不但具有为游人提供观景场所的功能，还具有水边点景之美的功能。无论是自然山水之美，还是园林中筑山理水之美，离开了建筑的点缀，都会变得面貌模糊，不那么引人入胜。湖山再美也离不开建筑的衬托，山水之间有了建筑才显得富有生气、情趣，山水景观也可随之增色。因此，水榭是水边重要的点景建筑，它既可与其他相邻的园林建筑形式共同构成景观，也能独立成景，达到建筑与自然的高度融合，符合人与自然和谐的原则。

6.1.2 榭的形式

中国园林中水榭的典型形式是在水边架起平台，平台一部分架在岸上，一部分伸入水中，如苏州怡园藕香榭（见图 6–3）。平台跨水部分以梁柱凌空架设于水面之上，平台邻水围绕低平的栏杆，平台靠岸部分建有长方形的单体建筑。建筑的面水一侧是主要观景方向，常用落地门窗，开敞通透，既可在室内观景也可到平台上休憩眺望。

榭的屋顶一般为造型优美的卷棚歇山式。建筑立面多为水平线条，与水平面景色相协调，如藕园山水间（见图 6–4）。但由于园林所处地方、用途、使用对象等的不同，水榭在形式上存在一些差异，在我国不同地域，园林水榭有着不同形式的体现。

图 6–3 苏州怡园藕香榭

图 6–4 藕园山水间

（1）北方皇家园林。

在北方皇家园林中，水榭仍保留着其基本形式，另外又增加了皇家宫室建筑的特点，建筑风格比较浑厚持重；又因为北方园林的水面大多宽阔广远，所以水榭尺度有所加大，有些还和周围建筑形成园林建筑群体，例如颐和园饮绿水榭（见图 6–5）。

（2）江南私家园林。

在江南私家园林中，水榭尺度较小，为了与较小的水池取得协调，常不设平台，而是让水榭建筑本身一半或全部跨入水中，下部以石梁柱支撑，或用湖石砌筑，让水深入底部，如拙政园芙蓉榭（见图 6–2）。水榭屋面处理轻盈，起翘较大，鹅颈靠椅、门窗栏杆等加工精致。水榭或独立设置，或与连廊、园墙等其他园林建筑结合形成一组景致。

（3）岭南园林。

在岭南园林中，水榭的平面布局与立面造型都力求轻快，如中山詹园（见图 6–6），平面形式不局限于矩形，屋面形式也较多样。榭与水面接近，多位于水旁或完全跨入水中，装修细致繁复，也有的榭并不临水，更接近于其原始的形式——有顶的台。

图 6-5　颐和园饮绿水榭

图 6-6　中山詹园

6.1.3　榭的现代演绎

在现代园林中，一些新建的水榭在功能上更加多样，可结合茶室、接待室、游船码头等开展文化娱乐活动，如广州华南植物园水榭（见图 6-7），或将其平台扩大举办各种文艺娱乐活动，活跃园林氛围。

现代的榭在形式上也不再拘泥于原有的式样，由于可以利用钢筋混凝土的结构形式，为其体型空间的变化与穿插等提供了可能性，体型上一般比较简洁，以强调水平方向线条为主，大多贴近水面，如桂林芦笛岩水榭（见图 6-8）。

现代的榭的屋顶处理也更加多样化，平顶、单坡顶、双坡顶、波浪形顶等形式均有出现。一部分新建的水榭设计借鉴西方现代建筑的一些手法，平面中多利用墙体创造各种空间的穿插关系，毛石、钢、玻璃等材料也运用于水榭的创作。

由于服务的人数较多，一般水榭的平台及体量均较大。功能的多样性、形式的自由与变化、建筑空间的融合与穿插、材料之间的对比与配合，是现代水榭设计的主要特点。

图 6-7　广州华南植物园水榭

图 6-8　桂林芦笛岩水榭

随着人们对生活质量要求的不断提高，各风景游览区的风景园林建筑不断修建与完善，加之我国国民经济的不断发展，各地城市广场、住宅区、绿地、景观的设计水平不断提升，如上海方塔园何陋轩（见图 6–9），这其中也出现了不少邻水的景观建筑。这些建筑沿袭了水榭的观景、点景功能，但形式上已是千变万化，材料上更是多种多样，出现了钢结构、薄膜结构等，使临水的水榭类小品更加轻盈活泼。

图 6–9　上海方塔园何陋轩

设计师闫明设计的河北河间古洋河公园的临水亭榭（见图 6–10），位于河北省沧州市。水榭临水一面有平台延伸入水面之上，四面开阔通透，形式取之于中国传统园林水榭的形式。建筑结构的灵感来自斗拱对于力的传递，厚重的屋顶结构支撑在这一根根细小的钢管结构上，让框架的搭接更加清晰。两组水榭为人们提供了新的观看角度和体验方式，也在这一过程中创造了风景。

图 6–10　河北河间古洋河公园临水亭榭

水榭的形式变化，是其自身发展的必然。把握好水榭这种园林建筑类型观景、点景、临水而筑、轻盈小巧的形式布局等特征，把新技术、新材料、新结构形式运用于水榭的创作，是时代发展的必然，是风景园林师、建筑师的责任。

6.2　似船非船——舫

舫是中国传统园林中常用的水边建筑，如颐和园石舫（见图 6–11）。它是指依照船的造型，在园林湖泊的水边建造的一种船型建筑物。舫的立意是湖中画舫，使人产生虽在建

图 6–11　颐和园石舫

筑中却犹如置身舟船之感。我国江南地区气候温和、湖泊罗布、河巷纵横，有些渔民以船为家，长期生活在水面之上，对船有着深厚的感情，所以江南私家园林多用此类型的船型建筑。

例如苏州拙政园的香洲（见图 6–12），也是舫的形式。香洲通体高雅洒脱，其身姿倒映水中更显得纤丽而雅洁。香洲寄托了文人的理想与情操，灵感来源于屈原笔下“芳舟”的典故，《楚辞》中有“采芳洲兮杜若，将以遗兮下女”的句子。古时常以香草来比喻清高之士，此处以荷花景观来寓意香草也很得体。

图 6–12　苏州拙政园香洲

香洲位于水边，正当东西向水流和南北向河道的交汇处，三面环水一面依岸。站在船头，看着水中涟漪，天地开敞明亮，满园秀色令人心爽。前眺倚玉轩，左望见山楼，右顾小沧浪，烈日酷暑，此地却和风阵阵，举目清凉，鸟飞鱼翔，胜似春光。舫西是船尾，由小门通往玉兰堂后，门楣题额“野航”二字，取杜甫“野航恰受两三人”诗意，点出了景观主题。拙政园中的这条旱船不仅建筑手法经典雅妙、引人入胜，还能使人感悟到一种对高洁人格的追求。

6.2.1　舫的艺术特点

舫的外形尽管千姿百态，但都是精致秀丽，构成一景，如南京煦园石舫（见图 6–13）、杭州曲院风荷石舫（见图 6–14）。舫在选址上很有讲究，通常靠近水边，立在最具有赏景视角的地方。站在石舫上看水上、陆上的景色都平添一种兴致。

石舫的出现还和中国传统的文化背景、哲学、思想、心理追求有关系。陶渊明回归田园时心情十分轻松，如释重负。李白在诗中写道，“人生在世不称意，明朝散发弄扁舟”。自古以来，人们总是把人生在世比作水中行船，顺水推舟，逆水行舟，风雨同舟，从这里也可以想象过去园主人设置石舫所追求的理想与审美情趣。他们是借石舫希求自己一帆风顺、平安康和。尽管石舫并不能起锚出航，更不能乘风破浪，但仍承载了人们美好的希望。

图 6–13　南京煦园石舫

图 6–14　杭州曲院风荷石舫

舫集中了多种建筑形式，有厅、有台、有楼、有阁，是江南园林建筑艺术的集萃。船形建筑介于似像非像之间，注重神似，要求有其味、有创新，妙在似与不似之间，而不在于过分模仿船的形式。这也非常符合中国传统的艺术表现手法和审美要求。

北京颐和园石舫又名清晏舫，位于万寿山西麓的岸边，用巨石雕成，全长 36 米，船上两层白色木结构楼房都用油漆装饰成大理石纹样，顶部有砖雕，装饰精巧、华丽，是颐和园内著名的水上建筑珍品。远看石舫恰如一艘大船，静观石舫颇有皇家气势。船上的楼阁为两层高，约 8 米。其选址极为巧妙，颐和园的后山水面狭长而曲折，林木茂密，环境幽邃，和前山的旷朗开阔有着鲜明的对比，而清晏舫恰位于昆明湖景区，从湖上看去，很像一条正从湖面开过来的大船，为后湖景区的展开起到了很好的预示作用。唐太宗说过“舟所以比人君，水所以比黎庶，水能载舟，亦能覆舟”，在这里修石舫表达了封建帝王希望江山永固的愿望。

6.2.2　舫的形式

舫的基本形式（见图 6–15）与船相似，宽约丈余，一般下部用石砌做船体，上部木构酷似船形，木构部分通常分为船头、中舱、船尾。各部分完美地结合在一起，各自发挥着其特有的功能，在水面上形成生动的造型，成为园林中重要的景点建筑。

（1）点缀于水中。

这种形式就是将舫建筑点缀于水中或建于水中孤立的小岛上，石舫成为水面上的“点景”。一般情况下，舫贴近水岸布置，形象突出、特色鲜明，尤其是江南地区园林，常将舫作为水边的建筑（见图 6–16），并用于点缀湖面景色。

图 6–15　舫的基本形式

图 6–16　舫在水边

（2）凸入于水中。

舫临岸布置三面凸入水中，一面与岸相连（见图 6–17），视野开阔，与水面结合紧密；也可四面临水，但要利用挑台与岸相连。舫为符合亲水性，在设计时应尽量贴近、低临水面，似停靠在岸边的船整装待发。通过这种写意式的再现手法，把自然空间和生活中的事物进行描绘，使游人产生真实的感受。在这样的园林中游赏，仿佛置身于自然美景中，令人流连忘返。

（3）漂架于水上。

为了使舫与水面紧密结合，深入水中的舫一般不用粗石砌成实体的驳岸形式，而采用下部架空的方法使水漫入舫底，好似漂浮于水面之上，给游人漫游碧波之上的感觉（见图 6–18）。

图 6–17　江苏无锡蠡园莲舫

图 6–18　漂架于水上的舫

6.2.3　舫的现代演绎

在现代园林中，新建的舫并不是很多，但形式有所革新和创造，材料多用钢筋混凝土，色彩也更丰富。

在实际功能上，舫可以结合现代园林的某些功能需求，比如舫与餐饮类建筑相结合，也可以承载如纪念品商店、游船售票处等服务性功能。

6.3　曲长则胜——廊

屋檐下的过道及其延伸成独立有顶的过道称为廊。它是联系风景景点、建筑的纽带，随山就势、曲折迂回、蜿蜒逶迤，既是引导视角多变的导游交通路线，又可划分景区空间、丰富空间层次、增加景深，起到点缀园林景色的作用。

6.3.1　廊的艺术特点

（1）穿针引线。

中国园林建筑以群体组合取胜，而这种组合在很大程度上依靠廊来穿针引线。中国木构架体系的建筑物，一般个体建筑的平面形状都比较简单，经常通过廊、墙等将一幢幢单体建筑组织起来，形成空间层次丰富多变的建筑群体。观察园林平面图时就会发现，如果将整个园林比作面，将其他建筑看作点，廊就在它们中间起着线的作用。

（2）曲长则胜。

作为游览路线的一部分，廊宜曲宜长。它组织整个园林景观，引导游人的游览路线，因而最忌僵直呆板。它随形而弯，依势而趋，使本来较为单调的狭长空间错落辗转于园林之间而不觉乏味。游人漫步廊中，可避免烈日暴晒和雨雪沾湿。廊两旁的景物，由左右立柱和上下栏杆剪成一幅幅连续的画面，颇有“步移景异，应接不暇”之趣，能够产生别具一格的景观效果。

（3）自成风景。

廊的外部装饰十分精致，色彩也很协调，因此本身就是风景，同时起到点缀园林的作用，供游人游览和观赏。如北京颐和园长廊（见图6–19），全长728米，共273间，沿湖

图6–19　颐和园长廊

布置，蜿蜒曲折，是我国园林中最长的廊。廊上绘有 14 000 余幅彩画，每根柱上都有苏式彩画，其中有山、水、人、景物、建筑等，每一间都有不同的园林景色。其造型优美，工艺精湛。

6.3.2 廊的形式

廊的类型丰富多样，其分类标准也比较多。按不同的分类标准，廊可以分为不同的形式。按材质不同可以分为木结构、钢结构、钢筋混凝土结构、竹结构等。按横剖面形式可分为双面空廊、单面空廊、复廊、双层廊、单支柱廊、暖廊等。按整体造型可分为直廊、曲廊、回廊等。按其与地形环境的关系可分为平地廊、抄手廊、爬山廊、跌落廊、水廊、桥廊等。按功能可分为休息廊、展览廊、候车廊等。

下面介绍几种常见廊的形式。

（1）双面空廊。

双面空廊（见图 6–20）两侧均为列柱，没有实墙，即两边透空的廊。在廊中可以观赏两面景色，在园林中应用最广。它可以使一边的景物成为另一边景物的远景。直廊、曲廊、回廊、抄手廊等都可采用该形式。不论是在风景层次深远的大空间中还是在曲折灵巧的小空间中，都可采用该形式。

图 6–20　双面空廊

（2）单面空廊。

单面空廊（见图 6–21）又称为半廊，即一边透空的廊。其廊顶有时做成单坡型，以利排水。单面空廊有两种形式，一种是在双面空廊的一侧列柱间砌上实墙或半实墙而成，另一种是一侧完全贴在墙或建筑物边沿上。单面空廊常起到墙面美化的作用，增添了景物层次。

（3）复廊。

在双面空廊的中间夹一道墙就成了复廊（见图 6–22），又称为里外廊。它的作用是可兼顾两边景观，同时还可以延长游览线。因为复廊内分成两条走道，所以廊的跨度大些。

图 6–21　单面空廊

图 6–22　苏州沧浪亭复廊

（4）双层廊。

双层廊（见图 6–23）就是上下两层的廊，又称为楼廊。它既有楼阁高起的形象又可供人长久游览，富于变化，为游人提供了在上下两层不同高程的廊中观赏景色的条件，也便于联系不同标高的建筑物或风景点，以组织人流，可以丰富园林建筑的空间构图。

（5）单支柱廊。

只在中间设一排列柱的廊叫单支柱廊。这种形式的廊轻巧空灵，现代公园应用较多，可以按照人的需要设计。

（6）暖廊。

暖廊（见图 6–24）是指封闭的廊，设可装卸的玻璃门窗，既可防风避雨又能保暖隔热。

图 6–23　扬州何园双层廊

图 6–24　暖廊

6.3.3 廊的现代演绎

现代廊（见图 6–25）的平面布局应自由开朗、活泼多变，易于表达园林建筑的气氛和风格，使人感到新颖、舒畅。

图 6–25 现代廊

在立面设计上，廊突出表现了虚实的对比变化；从总体上来说，以虚为主，这主要还是功能上的要求。廊作为休息赏景的园林建筑，需要开阔的视野。廊又是景色的一部分，需要和自然空间相互延伸。

廊的出入口一般布置在廊的中部某处或两端。出入口是人流集散的主要地方，因此在设计时应将其平面适当扩大以尽快疏散人流，方便游人进行游乐活动。

廊的内部空间设计是廊在造型和景致上的主要内容，因此要将内部空间处理得当。廊是长形观景建筑物，长形的空间尤其是直廊空间显得单调，所以，应将廊设计成多折的曲廊，如上海景观游廊（见图 6–26），道路曲折迂回会使人产生空间扩大的感觉，还可使内部空间产生变化。在内部适当位置可以设置横向隔断，增加空间层次感、深远感。此外，还可在廊内设置台阶，通过地面高度升高来丰富廊内空间变化。

传统园林中廊的内部梁上常绘制彩画，以丰富游廊内容；现代园林中的廊较多用水泥材料，色彩以浅色为主，以取得明快的效果，如越秀天悦江湾公众展廊（见图 6–27）。在传统园林中，廊大多以木结构为主；现代园林则多采用钢筋混凝土材料，因为廊是由相同单元组成的，钢筋混凝土结构为实现单元标准化、制作工厂化、施工装配化创造了有利的条件。另外，廊还可选用软塑料防水材料、金属材料等，在南方还可采用竹结构，使廊富有地方特色。

图 6–26　上海景观游廊

图 6–27　越秀天悦江湾公众展廊

我们来看一个现代廊的案例，罗宇杰工作室的骆驼湾村廊架（见图 6–28）。

图 6–28　骆驼湾村廊架

骆驼湾村位于太行山北麓的冀晋交会处，由于山区交通不便发展缓慢，村落日渐凋敝，房舍破败。村落在开山垦荒中形成，有不少陡坎护坡。村里有意向在水泥护墩及沿线道坎上修筑遮荫廊架，方便人们停歇坐靠。

设计师认为应该就地取材、用最小的代价实现最大最多功用，保留充满特色的乡村地域风貌。

设计师将建造单元材料尽量拆分，这样就可以获得更多闲弃木料的再利用可能，也可以组织村民靠普通人力建设完成。废木料来自拆掉的旧屋，因不同的房屋进深，搭建的时候木料也长短不一。设计师顺应木料不同的长度，建造时考虑木料的长度变化容差，通过搭建的位置编排控制，得到一个变化的空间形体，既是对木料的顺应，也是对山体大环境的顺应。

通过这种建造手段，实现了更少的资金投入、更便捷的人力建造。

6.4 停憩游行——亭

在中国古代传统建筑中，亭是很古老的建筑形式之一。汉代许慎《说文》中讲“亭，停也。人所停集也”。此时，亭兼有驿站、旅舍和邮递等作用。到了唐代，亭的美学功能兴起，出现了风景亭和园林亭。宋代以后，亭基本上已没有多少实用功能了。明代计成在《园冶》中写道：“亭者，停也。所以停憩游行也。”此时，亭主要满足游人休息、观景、纳凉、避雨等需求。

亭一般规模较小，容易建造，所费工料也不多，既具有实际功能又往往有很高的文化艺术价值，因而为园林、建筑行业普遍采用，几乎到了无园不亭的地步，有人甚至称园林为园亭，把庭院称为亭院。

6.4.1 亭的艺术特点

（1）造型优美，形象生动。

亭子作为一个建筑单体既可以表现出富丽堂皇、舒展大方的风情，也可以表现出清秀俊雅和玲珑剔透的韵味。例如：中国江南一带的亭子（见图 6–29），屋顶坡度很大，线条柔美，富有动感；而北方地区的亭子（见图 6–30）屋顶坡度较缓，线条硬朗。无论哪一种，亭子的小巧总不失活泼与生动，能够很好地融入园林之中。

图 6–29 江南地区的亭子

图 6–30 北方地区的亭子

（2）内涵丰富，文化相融。

亭的美学功能也引来了文人骚客的关注，一些文人雅士在游览风光时往往会诗性大发而题咏著文，为亭起一个贴切的名字，为亭增添了一份艺术内涵，从而引发人们的无限遐想。例如苏州拙政园的荷风四面亭，亭的名字恰当地表达了亭周围的环境，足以激发游人的无限想象。

（3）空间通透，内外交融。

亭与园林景观的融洽（见图 6–31），不仅表现在造型和内涵上，更体现在其建筑空间上。亭身一般为四面凌空，空间通透。亭的建筑空间完全融于园林环境之中，内外交融，浑然一体。亭在空间上体现了有限空间的无限性，能集纳园林诸景、聚散山川云气，产生无中生有的空间景象。故有诗云“唯有此亭无一物，坐观万景得天全”。园林亭之美，一在它的造型，以亭的优美形象点染园林景色；二在亭周围的园林环境以及亭与环境的巧妙结合，能够获得天人合一之美，此乃园林与亭长此共存的真谛。

图 6–31　亭与园林景观

6.4.2　亭的形式

亭一般小而集中，向上独立而完整，主要由亭顶、柱身和台基三部分组成。亭的平面形式多样、屋顶变化多端，其造型主要取决于平面形式、屋顶形式等。

（1）从平面形式分。

亭的体量小，平面严谨，以规则几何形体为主（见图 6–32），有三角形、正方形、长方形、六角形、八角形等；由简单到复杂，每一种形式带给人们不同的心理感受。在众多类型的亭中，方亭最常见。有时为了加强景观效果，达到特定的形式，可以用两亭、三亭乃至五亭组合在一起。北京故宫御花园的千秋亭（见图 6–33）就是三亭结合在一起。北京北海公园的五龙亭（见图 6–34）就是五亭按照一定的建筑构图规律组合在一起，形成层次丰富、形体多变的建筑群。

三角形　　正方形　　六角形

图 6–32　亭的平面形式

图 6–33　故宫御花园千秋亭

图 6–34　北京北海公园的五龙亭

除亭与亭结合外，亭还可以与墙、廊、桥、台相结合形成更加丰富的组合体。例如：苏州网师园中的月到风来亭（见图 6–35）就是亭与墙结合在一起，亭子遮掩装饰了界墙，使人产生园的空间更大的错觉。北京颐和园中的饮绿亭（见图 6–36）就是置于廊间，空间上有开合、屋顶上有起伏。另外，还可将亭放在廊的拐角处，保持空间的均衡；放在廊的端头，起到入口的作用；放在廊与廊之间，起到过渡空间的作用等。亭与桥结合可形成

图 6–35　苏州网师园月到风来亭

图 6–36　北京颐和园饮绿亭

桥亭，著名的有颐和园西堤六桥（见图 6–37）、扬州瘦西湖五亭桥（见图 6–38）。桥上置亭，游人可纳凉避雨、驻足休息，亭还可以点缀风景，使水面生动轻盈。

图 6–37　颐和园西堤六桥

图 6–38　扬州瘦西湖五亭桥

（2）从屋顶形式分。

亭具有丰富变化的屋顶形象和轻巧空灵的屋身。就亭顶而言，有攒尖、卷棚、歇山、盔顶、盝顶、平顶等区别，其中以攒尖顶、歇山顶最为常见。攒尖又有圆攒尖、三角攒尖、四角攒尖等。北京景山顶上的万春亭（见图 6–39）是一个著名的例子：它位于贯穿全城南北中轴线的中心制高点上，起着联系与加强南起正阳门北至钟楼、鼓楼的枢纽作用。为突出强调其地位，万春亭本身不仅做了三重檐的宏丽壮观的形象，而且在其两翼山脊上分别建造了相对应布局的“富览”“周赏”两座重檐圆亭和“缉芳”“观妙”两座重檐八角亭（见图 6–40），规模虽小却富有变化，使一组五亭连成一体，形成了极为强烈的气势，起到了烘托陪衬故宫的作用。

图 6–39　北京景山顶上的万春亭

富览

周赏

缉芳

观妙

图 6–40　相对应布局的四亭

6.4.3　亭的现代演绎

现代亭的设计是一项综合工程，要从整体到局部作全面分析。

（1）亭的选址。

第一种是将亭设于高处（见图 6–41），既可作为仰观的重要景点，又可供游人统揽全景。将亭设在山顶或山脊处，很容易形成该园的构图中心；反之，若山顶和山脊处无景可赏就不应把亭设在高处，而应该设在视线较低的山腰部分，以增加亭的可观度。

第二种选址是临水建亭（见图 6–42）。临水建亭可以取得倒影成趣的意境，而且亭的飘逸与水的温柔正好相配。若水面较小，亭宜设在临水或水中且体量宜小；而水面较大时，亭娇小的体量则不足以吸引游人的注意。

图 6–41　设于高处的亭

图 6–42　临水建亭

如果是在平地上建亭，由于视点较低，应当选择视线开阔、有景可赏的地方，以便游人驻足休息。平地建亭（见图 6–43）的位置选择较多，可以在游路边侧、游路交叉口、活动场地内以及林荫之中等，既可以与树木、山石结合突出整体景观美，也可以单独置于场地之中凸显亭的个体美。

图 6–43　平地建亭

（2）亭的材料。

我国传统的亭多为木材建造，西方国家的亭多为石材建造。而现代亭的材料相当广泛，如竹、砖、钢筋混凝土、玻璃、帆布、金属、茅草等，还有用两种或两种以上材料相结合建亭的（见图 6–44）。例如以石砌柱以木置顶，或以钢做结构以玻璃做顶盖等。每种材料的特点不同，所建亭子给人的感觉差异较大。应当根据具体的环境要求进行合理的选择，并尽量就地选材，体现地方特色。

木结构亭

石材建造的亭

钢筋混凝土建造的亭

钢结构的亭

图 6–44　不同材料建造的亭

木结构亭的形体变化多，轻巧通透。一方面，木亭可以配雕刻、油漆、彩画，富于装饰性，体现传统美；另一方面可以不施加任何装饰，使其更接近自然，雅致古朴，较易与环境相协调。

石材建造的亭子，由于其材质坚固，常用于纪念性的亭子；也有梁柱用石结构而其他部位仍用木结构的亭子。

钢筋混凝土建造的亭坚固、厚重，给人以稳定之感，通常采用现浇方式。亭的表面可以贴面砖，亦可装饰成木亭外观，应用较为广泛。

钢结构的亭，柱间距灵活，可大可小，在造型上还可以有较多变化。钢与木材、石材、玻璃等材料结合能够形成强烈的对比，视觉冲击感较强，所以近年来应用较多。

6.5 俗则屏之，嘉则收之——景墙

景墙（见图 6–45）是园林设计中常用的造景元素之一，是园林景观的有机组成部分。各式各样的景墙变化丰富，对园林环境有着很大的影响，营造了不同个性的园林景观空间。

图 6–45　景墙

6.5.1　景墙的作用

景墙的作用主要有分隔空间、保护环境对象、丰富景致层次及组织游览路线等。具体有以下几点：

（1）对外形成园区，起防护作用。

一般的园林都有明确的用地边界，大到几十公顷的大型园林，小到只有几平方米的私家庭院，都用景墙与外界分隔开。景墙的高度一般在 2 米左右，造型朴实，以能起到较好的防护作用为目的（见图 6–46）。

（2）对内划分空间，起隔断作用。

景墙作为竖向空间限定的一种形式，能够有效地划分园林空间（见图 6–47）。景墙既可分隔大空间，产生园中园，化大为小；又可将小空间串通迂回，小中见大，富有层次感，此时对景墙的造型有一定的要求。

图 6–46　景墙对外形成园区

图 6–47　景墙对内划分空间

（3）引导游览路线，起标识的作用。

为了引导游人按照一定的顺序进行游览，以达到游览的效果，可以利用景墙能够有效分隔空间的特点。引导游人按照景墙所指引的路线进行游览（见图 6–48），这样能够给人自然舒适的感觉。

（4）供人欣赏，起装饰的作用。

景墙的结构简单，可以利用不同的材料做出各种造型，还可以利用窗洞进行框景、漏景等景观处理，与周围的山石、花木、灯具、水体等构成一组独立的景物，达到装饰美化环境、点缀风景的目的（见图 6–49）。

图 6–48　景墙引导游览路线

例如，北京颐和园的灯窗景墙（见图 6–50）位于昆明湖上，白粉墙上雕镂有各式灯形的窗洞，墙面镶有玻璃，夜色降临宛如盏盏灯笼，湖面上波光倒影，颇有意趣。

图 6–49　景墙供人欣赏

图 6–50　北京颐和园的灯窗景墙

6.5.2　景墙的设计要点

（1）位置选择。

景墙的位置选择（见图 6–51）要与其功能相结合，具体如下：

作为空间界限的各种景墙，如公园的围墙、园内小园的围墙、庭院围墙及构成各种使用空间或活动空间的围墙，起着维护及限定范围的作用，必然处于园林或各种空间的周边。

图 6–51　景墙的位置选择

作为分隔空间的景墙则按空间布局的需要穿插于各种空间中。为使分隔空间的效果更突出，一般将景墙设在景物变化的交界处，或地形地貌变化的交界处，或在空间形状、空间大小变化的交界处，以利于空间的顺利过渡和有机结合。

以组织景观为主的园林景墙，其位置的选择常与游人路线、视线和景物关系等统一考虑，才能有的放矢，取得框景、对景、障景等设计意图，增加空间层次。“俗则屏之，嘉则收之”也正是园林景墙选址的重要原则。

（2）造型与环境。

景墙的设置多与地形结合：平坦的地形多建成平墙，外饰白灰以砖瓦压顶；坡地或山地则就势建成阶梯型，有的建成波浪型的云墙（见图 6–52），墙上常设漏窗，窗景多姿，墙头、墙壁也有装饰。

图 6–52　波浪形的云墙

景墙的造景作用不仅要以其优美的造型来表现，更重要的是以其在园间的构成和组合中体现出来，形象应与环境格调一致：造型上强调虚实开合，结合洞口、柱架，或通透或密实，变化有章；尺度与方向上应考虑空间视觉的需要，注意高低错落、穿插组合。景墙和环境要相互依托陪衬（见图 6–53），与建筑、植物、水景或其他小品等共同构成富有意趣的场所。

图 6–53　景墙和环境相互依托陪衬

（3）色彩与质感。

色彩与质感是景墙的重要表现手段，既要对比又要协调，既要醒目又要调和，应加以仔细考虑。质感是指材质和纹理给人的触觉和视觉感受，可分为天然的和人为加工的两类。材料运用上以就地取材为宜，既体现地方特色又经济实用。各种石材、砖、木材、竹材均可选用，并可组合使用。

6.5.3　景墙的现代演绎

现代园林建筑中除沿用一些传统景墙的做法外，又加入了新材料与新技术，景墙的形式日新月异。

（1）材料。

现代景墙在传统景墙的基础上，注重与现代材料和技术的结合（见图 6–54）。在景墙设计中常采用石料、混凝土、复合石材等，以获得天然的气氛。材料本身的固有属性使它们具有一定的朴实厚重之感，能激起人们对大自然的向往，并能表现出特定的园林意境。

而且通过巧妙的组合搭配，运用一定的构图与装饰手法，如线条、质感、色彩、光影、空间层次的组织等，即可创造出各种不同风格与感觉的园林景墙。

图 6–54　现代景墙（1）

天然质感多用未经雕磨的或粗加工的石料来表达，而人工质感则强调如花岗石、大理石、砂岩、页岩等石料加工后所表现出的质地，在光滑细密、纹理有致、晶莹典雅中透出庄重肃穆的风格。不同质感的材料所适用的空间环境也是不同的，如天然石料适用于室外庭院及湖池岸边，而精雕细琢的石材则适用于室内或城市广场、公园等环境。

（2）线条。

现代景墙常以变化丰富的线条表达轻快活泼的感觉（见图 6–55）。

图 6–55　现代景墙（2）

这里所说的线条就是石的纹理及走向和墙缝的样式。常用的线条有：水平划分，以表达轻巧舒展之感；垂直划分，以表达雄伟挺拔之感；矩形和棱锥形划分，以表达庄重稳定之感；斜线划分，以表达方向和动感；曲折线、斜面的处理，以表达轻快活泼之感。

（3）空间层次的组织。

石块的堆叠可形成虚实、高低、前后、深浅、分层和风格各不相同的墙面效果，形成的空间序列层次感也比满墙平铺的更为强烈（见图 6–56）。墙上可组合绿化，预留种植穴池或悬挑成花台，同时还可以围篱做虚、院墙做实，虚实对比、互相渗透、衬托层次，使景墙构成的景观充满生机。

图 6–56　现代景墙（3）

6.6　变化多端——门窗洞口

园林中的门窗洞口不仅具有一般的使用功能，更是作为组织空间的要素，或出现在园墙上，或出现在房屋墙壁上，活跃于大大小小的园林之中。

6.6.1　门窗洞口的作用

（1）使用功能。

门洞（见图 6–57）能有效地组织游览路线，使人在游览过程中不断获得生动的画面。窗洞则起到采光通风的作用。

（2）分隔、联系空间。

在空间处理上，门窗洞口可以起到分隔空间和联系空间的作用，如拙政园（见图 6–58），通过门洞形成园林空间的渗透及空间的流动，以达到园中有园、景外有景、步移景异的效果。

图 6–57　门洞

（3）装饰功能。

园林建筑中的窗洞（见图 6–59）不仅是重要的观赏对象，还是创造庭院框景的重要手段。因此，门窗洞口的造型繁多，可自成一景，成为园林中重要的观赏对象。

图 6–58　拙政园的门洞

图 6–59　窗洞

6.6.2　门窗洞口的形式

（1）门洞的形式。

门洞的形式要结合具体的环境条件，同时考虑人流量及造景的目的等。例如：月牙形门洞（见图 6–60）观赏性很强，但不适合人流量大的场所；直方形门洞适合人流量大的场所，但观赏价值不如月牙形和圆形门洞。因此，在具体设计时必须综合考虑。

图 6–60　月牙形门洞

门洞按造型特点可以分为曲线型和直线型。

曲线型是我国传统园林建筑中常用的门洞形式（见图 6–61），现代公共庭园中也广泛运用，如圆门、月门、汉瓶门、葫芦门、梅花门等。

直线型门洞的边框线为直线或折线（见图 6–62），门洞为多边形，如四方门、六方门、八方门、长八方门等。

（2）窗洞的形式。

窗洞由于不受人流通过的限制，形式更加灵活多变，主要可分为空窗、漏窗、景窗等。

圆门　　月门　　汉瓶门　　葫芦门　　梅花门

图 6–61　曲线型门洞形式

图 6–62　直线型门洞形式

园墙上不装窗扇的窗洞称为空窗（见图 6–63）。空窗既可供采光通风，又可作取景框，并能使相邻空间相互穿插渗透，扩大了空间效果和景深。空窗式样多设计成横向或直长方形等。空窗的高度多取人的视点高度，以便于游人邻靠观景，同时也要兼顾建筑本身形象、与四周环境的协调以及在具体位置所起的作用。空窗的另一种造型是在墙上连续开设各式窗洞，不设窗扇，但形状多变，有六角、方形、扇面、梅花、石榴等形式，常被称为什锦窗。

图 6–63　空窗

图 6–64　漏窗

漏窗（见图 6–64）又名花窗，是窗洞内有漏空图案的窗。在窗位置用砖、木、混凝土预制小花格等构成形式多样的几何花纹图案窗，光影和墙外景色都可以穿窗而进，因此称为漏窗。漏窗高度一般在 1.5 米左右，与人眼视线相平。透过漏窗可隐约看到窗外景物，取得空间似隔非隔的效果。漏窗是建筑中的重要装饰小品，它与空窗不同：空窗虽也起分隔空间的作用，但其自身不做景象，在主景中只能起到框景的作用；而漏窗自身有景，窗花玲珑剔透，窗外景色隐约可见，具有含蓄的造园效果，可使空间延续、景深扩展。

在园林中漏窗多指以几何图案装饰的窗洞，而把以自然形体和景象作为图案的漏窗称为景窗（见图 6–65），也叫主题漏窗。传统景窗多以花卉鸟兽为题材，用木片、竹筋或铁丝做骨材，用灰浆塑形。

图 6–65　景窗

6.6.3　门窗洞口的现代演绎

随着现代材料的发展，各式门窗的内容与表现形式愈加丰富（见图 6–66），材料多以扁铁、金属、有机玻璃、水泥等为主，更有以玻璃腐蚀画、琉璃制品、玻璃钢、不锈钢、玻璃丝布、彩色水泥等制成的新材料花饰。景窗多以故事、戏剧、小说为题材，运用得当会取得事半功倍的效果。因此，如何恰当选型和设定其位置是设计师重点考虑的问题。

图 6–66　现代景窗

在庭院中，分隔空间的隔墙以及半封闭的步廊，一般多以安置空窗和漏窗来增加远景相互渗透的效果，或用以减轻实墙闭塞的感觉。这些空窗和漏窗可以采用同一样式均衡排列，洞口形状相同但花样各异，也可以采用洞形花样均不相同的什锦式。

花格（见图 6–67）的艺术效果主要是以其明暗对比和光影的关系来体现的。因此，空窗和漏窗一般都选择较为明快的色调，甚至在白粉墙上的窗洞也多是与其同墙面采用同一色彩。在阳光照射下，由外面看去黑白对比明确醒目，从室内看明暗对比柔和。有时为了满足远看时空透的效果、近看时又有内容可观赏的需求，可把花格做成深色调。

漏窗可采用抽象的构图（见图 6–68）、灵活的布局，但要注意形象的完美性。一般情况下，园林建筑中使用砖瓦组成的花格，其尺寸是比较适宜的，用钢筋混凝土组成的花格大小随意，但容易产生尺寸过大的现象。在设计中，花格的尺寸应与所在的建筑物相关部分的尺寸相协调。

图 6–67　现代景窗的花格

图 6–68　漏窗的抽象构图

门窗洞口无论采用哪种形式，都要考虑与景墙及周围山石、植物、建筑物风格的协调（见图 6–69）。为达到良好的景观效果，需考虑框景、对景、衬景和前、中、后景的结合，使庭园空间与景色显得更为幽深，同时还要考虑通过门洞的人流量，以确定适宜的门洞宽度。

门窗洞口在形式处理上虽然不需要过分渲染，但却要求精巧雅致（见图 6–70）。现代公共庭园中门边框多用水泥，边条则用白水泥以突出门框线条。门洞内壁也有用磨砖、水磨石或大理石的。

图 6–69　漏窗与周边环境的协调

图 6–70　精巧雅致的门窗洞口

总之，门窗洞口的选型往往对园林建筑的艺术风格有一定的影响，或庄重大气，或小巧玲珑，应多从园林艺术风格的整体效果加以推敲，将建筑及周边环境各要素的配置考虑其中，务求形式和谐统一。

6.7 现代演绎与现代景观

6.7.1 上海方塔园何陋轩

何陋轩（见图 6–71）是上海松江方塔园东南部一个小岛上的竹构草盖茶室，以轩为主，配以周围的水与翠竹。设计者冯纪忠先生借用唐代刘禹锡的《陋室铭》命此轩为“何陋轩”，其所营造的感觉是“轩在竹林中，水在竹轩处”，一年四季，景色迥异。

何陋轩高 7 米，长 16.8 米，宽 14.55 米，总面积 510 平方米。其建筑造型仿上海市郊农舍四坡顶弯屋脊形式，毛竹梁架，大屋顶，茅草屋，方砖地坪，四面环水，弧形围坪，竹椅藤几，古朴自然，与四周竹景互相交融，融为一体，浑然天成而别有风致。

图 6–71　何陋轩

我们先来看看郑孝正、宣磊在文章《茅屋下的体验——简评何陋轩》中对何陋轩的解析：

第一，空间的不确定性。

在何陋轩中，逐层跌落的平台，依次转向的踌躇不定的轴线，正是设计者的又一次实践。“日影西移，弧墙段上，来时亮处现在暗了，来时暗处现在亮了，花墙闪烁、竹林摇曳，光、暗、阴、影，由黑到灰，由灰到白，构成了墨分五彩的动画，同步平添了几分空间不确定性。”加上时间的因素，轩内空间（见图 6–72）显得更加生动。

第二，传统木构架的新意。

何陋轩内的竹构（见图 6–73）耐人寻味，与木构架相去不远，与钢架似乎更近，但材质迥异。如果把大门的钢架比作唐柳公权的楷书——瘦劲挺拔，那么何陋轩的竹构就是晋王羲之的行书——自然潇洒。

图 6–72　轩内空间

图 6–73　何陋轩竹构

第三，何陋轩何陋之有。

从建造何陋轩的材料来看，草盖竹构，不可谓不简陋，但简陋中透出的意境平淡，表现手法追求自然浑成、不假雕饰，呈现了一种朴素之美。钱钟书先生在《中国诗与中国画》中说：“南宗画的原则也是‘简约’，以经济的笔墨获取丰富的艺术效果，以削减迹象来增加意境。”

设计者在设计何陋轩时，也是取“简约”之法，我们只要把何陋轩与西部以楠木厅为主的园中之园比，或者与传统园林比，就能明了何陋轩是“以削减迹象来增加意境”的。规划中小岛还有通向南岸的桥，南岸也还有建筑，现在都删了，原设计中轩内还有墙与玻璃门，现在也都没了。庄子《天道》言：“朴素而天下莫能与之争美。”何陋轩何陋之有？何陋轩美在朴素。

王澍先生称“何陋轩是‘中国性’建筑的第一次原型实验”。以下是王澍先生对何陋轩的解读：

入手做何陋轩，冯先生首先谈“分量”，这个词表达的态度很明确，因为“分量”不等于形状。“分量”也不是直接比较，而是隔空对应，这种间接性是诗人的手法。冯先生的特殊之处在于他把抽象性与具体性对接的能力，他让助手去测量方塔园里的天后宫，说要把何陋轩做成和天后宫一样的“分量”。这就给了何陋轩一个明确的尺度、一个限定。这既是机智，也是克制。

冯先生提出要做一个有宋的感觉的园子，放弃明清园林叠石堆山手法。问题是，现实中没有可借鉴的实物，哪怕是残迹。史料中也没有宋园林的直接资料。造价很少，建筑仿宋肯定也行不通，于是，“宋的感觉”就成为一种想象的品质和语言。冯先生用的词汇要比明清园林少得多，大门、甬道、广场、白墙、堑道，何陋轩，如此而已。他反复强调，这些要素是彼此独立的，它们都有各自独立、清楚、端正的品相，它们存在于一种意动互渗的“分量”平衡中。所谓“与古为新”，实质上已演变为大胆的新实验。

对视线高度的控制，冯先生是有意的，除了方塔高耸，其他空间的视线要么水平深远，要么低垂凝视。

建筑语言上的另一重大突破是细柱的运用。实际上，废掉屋顶下粗大梁柱的体系，也就彻底颠覆了传统建筑语言。就建筑意识的革命而言，这种语言的革命才是真革命。或者说，冯先生由此找到了自己的语言，在那个时期，这是独一无二的。细柱被扩展为线条（见图 6–74），墙体、坐凳、屋脊、梁架都被抽象为线，甚至树木，冯先生也想选择松江街道边的乌桕，因为树干细而黝黑，分叉很高，抽象如线。

图 6–74　何陋轩细柱

方塔园与何陋轩几乎是一种从头开始的实验，设计者就是摸索着做出来的。可能成功，也可能出错。说何陋轩是“中国性”建筑的第一次原型实验，是在类型学的意义上，在建筑语言革命的意义上，而不是指可以拿来就用的所谓的方法。

6.7.2　北京红砖美术馆

红砖美术馆（见图 6–75）从 2007 年开始筹建，建造时间长达七年。为什么要筹建七年之久呢？这要从红砖美术馆的建筑设计师董豫赣说起，这位北京大学建筑学研究中心的副教授对园林的建造和研究几近痴迷，他曾开玩笑说：“哪怕是个厕所，我都想做一个园

图 6–75　红砖美术馆

林。”而能够为美术馆建造园林也成为他设计美术馆的最大“动力”。对建筑园林有着严格要求的董老师在言谈间透露着对中国文化的热爱。他说他从不讨好任何人，“我只会想讨好自己的文化”。

这座用中国传统园林意象打造的现代园林，构成了美术馆参观体验与建筑结构的双重延伸。如今，众多的动物在园林中安了家（见图 6–76），有刚生了小宝宝的黑天鹅们，有被参观者亲切地唤为“馆长”的斑头雁，还有最会摆造型、抢镜头的“馆宠”猫咪们。在数字化、人工智能全面浸入生活的今天，董豫赣为参观者带来了走进自然、体验艺术的全新当代美术馆生活方式。

图 6–76　红砖美术馆的动物

图 6–77　红砖美术馆的山水

董豫赣认为，中国园林最重要的就是山水。这是远大于园林本身的一种文化，它基本上相当于中国的宗教，不管是诗歌、绘画、园林还是中国的寺庙、道观，都是跟山水有关的。董豫赣最初来这里的时候，首先想的就是做水做山（见图 6–77）。中国的一个典型方法就是用挖水（池）的土，堆在后面变成一座山，这也是中国城墙的做法。

茶轩（见图 6–78）的改造，其技术与中国人讲的“形意”有关。董豫赣当时希望它形成一个画框的意象。但是到现场后，他发现框中间加了钢柱。因为亭子 9 米的跨度，横梁根本撑不住。他还是希望中间没有柱子，所以又加了一根横梁，在两端稍微错开，感觉它是一个画框上面有一个结构。其实从受力上来讲，整体合起来才是一个结构。之所以把这个形分解出来，是一个意愿的表达，是一个画框托着一个房子，这个细节就是中国人讲的形意问题。

图 6–78　茶轩

中国人的调和，不是说在矛盾里去选择甲或者乙。比如说从一个特别热闹的地方到一个特别安静的地方，会在中间做一个独立的部分，让人产生一种对它自身的关注，忘掉两边的强烈的矛盾。所以在所有空间收放的地方做类似的玄关，让人忘掉之前的热闹或者安静。

中国园林中迷宫的意向，基本上不强调任何要素的一个特殊性，比如刚刚经过中间一个特别方正的槐谷庭，董豫赣希望开四个一模一样的洞。是洞口里的内容不一样，而不是把这个洞口做得不一样（见图 6–79）。每个地方的空间其实会通向不同的地方，你可以认为这是入口，也可以认为这是出口。必须处理的，是在意象跟中国园林的行望居游之间做一个权衡。

图 6–79　红砖美术馆的洞口

槐谷（见图 6–80）是当时计划中进园林的主要入口，所以道路就比较宽，跟另外一条道路形成一个中国人叫“对仗”的东西。中国人的对仗既抽象又具象，比如这是一个上宽下窄的地方，而“一线天”（见图 6–81）则是上窄下宽。人们在自然界里看见无数个山涧、无数个山谷，不一定非要做得跟自然界一模一样。槐谷中台阶的高度与宽度还是基于中国人的行望居游的需要，宽度适合躺，高度适合坐。

图 6–80　槐谷

图 6–81　一线天

中国园林跟西方景观最大的不一样，就是西方景观讨论的是构图，中国园林讨论的是身体的问题，跟日常生活的距离决定了景观跟园林的区别。中国园林注重人在建筑中跟外部环境的关系，这种关系不只是景观跟园林的区别，它其实是中国文化跟西方文化最主要的区别。

董豫赣觉得中国的园林应该足够自信，而不是模仿西方的景观。西方的景观一向是把环境跟居住或者跟人的生活截然分开，而中国人任何时候都希望把最好的房子放在最好的环境里。

红砖美术馆的部分景致见图 6–82。

图 6–82　红砖美术馆的部分景致

本章小结

主要内容：本章主要讲述了古典园林中的榭、舫、廊、亭、景墙、门窗洞口的内涵、类型、形式、艺术特征、文化内涵、结构组成等，并通过经典案例讲述每个类型的现代演绎方法，最后对上海方塔园何陋轩、北京红砖美术馆进行详尽分析，讲述现代建筑基于园林建筑融合创新的综合应用。中国传统园林建筑更注重和谐与诗意的生活哲学，而现代建筑在传承创新园林建筑的同时更加强调技术创新和功能实用。

重点：本章重点是掌握园林建筑的分类以及艺术特点。

难点：本章难点是理解传统园林建筑的设计要点，以及在现代建筑中的应用方式。

任务模块

思考任务

1. 简述中国传统园林中建筑的分类、功能、形式。
2. 根据教材资料、网上信息等，了解亭的每种形式的特点。
3. 分析传统园林建筑与现代景观建筑的关系。
4. 分析传统园林建筑设计要点在现代景观设计中的现代演绎。
5. 图文并茂地分析传统园林中亭的艺术特点。
6. 分析造成南北方榭的形式不同的原因。
7. 根据教材资料、网上信息等，分析景墙的作用。

拓展任务

1. 分析造成北方皇家园林独特的风格特色、形式的原因。
2. 分析传统园林建筑设计在现代景观设计中的应用。
3. 举例分析现代景观中运用传统园林亭建筑的设计案例，并自行设计一个现代景观亭。
4. 整理现代景观典型案例，并图文并茂地分析其设计逻辑。

设计任务

1. 从景墙的设计要点、功能等出发，设计一个新中式风格的景墙。
2. 将传统园林建筑的设计进行现代演绎，设计一处面积为 2 公顷的中庭。

章节资源

1. 诺曼·K. 布思. 风景园林设计要素［M］. 曹礼昆，曹德鲲，译. 北京：中国科学技术出版社，2018.

2. 周维权. 中国古典园林史［M］. 3 版. 北京：清华大学出版社，2008.

3. 彭一刚. 中国古典园林分析［M］. 北京：中国建筑工业出版社，2008.

4. 林墨飞. 走向新景观：当代中国景观设计的思想演进与创作实践［M］. 北京：人民出版社，2020.

5. 邱冰. 中国现代风景园林设计语言的本土化研究（1949—2009）［M］. 南京：东南大学出版社，2020.

6. 俞昌斌. 源于中国的现代景观设计空间营造［M］. 北京：机械工业出版社，2013.

7. 康艺欢. 江南园林空间营造中的门窗洞口研究：以留园为例［D］. 北京：北京建筑大学，2023.

8. 顾昊. 建筑叙事学视角下的江南传统园林空间营造研究［D］. 苏州：苏州科技大学，2022.

9. 韩京杉. 江南私家园林艺圃空间光影研究［D］. 武汉：华中农业大学，2022.

10. 焦晓晴. 苏州古典园林花窗造景艺术研究［D］. 芜湖：安徽工程大学，2022.

11. 何悦. 苏州园林诗画意境的图式语言研究［D］. 南京：南京艺术学院，2022.

12. 戚煜. 中国传统园林中亭榭的意境营造对当代建筑的影响［D］. 石家庄：河北科技大学，2021.

13. 王媛璐. 中国古典园林建筑环境观影响下的现代建筑思想与实践（2000—2020）［D］. 天津：天津大学，2022.

14. 张楠，孔宇航，师晓龙. 中国现代建筑中的园林话语建构与观念流变（1954—2022）［J］. 建筑学报，2023（5）.

15. 李立红，李志鹏. 中国明清园林建筑结构中美学思想的艺术设计体现［J］. 建筑结构，2022，52（23）.

7. 一勺则江湖万里

Water Feature Design

“一勺则江湖万里”意为一勺清水就可彰显万里江河的奔腾气象，是指在有限的空间内尽量写仿天然水景的全貌，并尽力做到“本于自然又高于自然”。例如建筑大师贝聿铭设计的苏州博物馆，其庭院中的“江山万里”，就是用不算高耸的一组石峰表现万里江山的气势，取得了很好的效果。水作为园林构景要素之一，素有“无水不成景，无景不成园”之说，人们通常把水喻为园林的灵魂。

7.1 贵在曲折

清代著名画家恽寿平在《南田画跋》中说：“境贵乎深，不曲不深也。”陈从周先生在《说园》中说：“水不在深，妙于曲折。”因为只有“萦纡非一曲”，才能达到“意态如千里”的艺术效果。园林的水面切忌作成正方形、长方形、圆形、椭圆形等几何图样，以免平板乏味。

构成水体曲折深度的条件大致有三：一是藏源，二是引流，三是集散。

所谓藏源，就是要把水体的源头作隐蔽处理，或藏于石隙，或藏于洞穴，或隐于溪瀑。苏州环秀山庄（见图 7–1）的水口处理，于洞壑藏源，增加水体的深度。苏州狮子林小赤壁（见图 7–2）的水门处理，水体向岸底延伸，产生水源深舒感。扬州小盘谷（见图 7–3），隐源于山泉。水体一隐源，便能引起人们循流追源的兴趣，实现“江水西头隔烟树，望不见、江东路”的观赏效果，成为展开水景序列空间的一条线索，带动一池清水活动起来。正如郭熙在《林泉高致》中所说：“水欲远，尽出之则不远，掩映断其脉则远矣。”

图 7–1　苏州环秀山庄

图 7–2　苏州狮子林小赤壁

图 7–3　扬州小盘谷

所谓引流，就是引导水体在空间中逐步展开，形态宜曲不宜直，以形成优美的风景线。南京瞻园（其平面图见图 7–4）藏源溪瀑，引流曲折迂回，有谷涧、溪湾、湖池、泉瀑，其间用亭榭、假山、花木互作掩映，水体纵贯全园，增加了水景的空间层次。

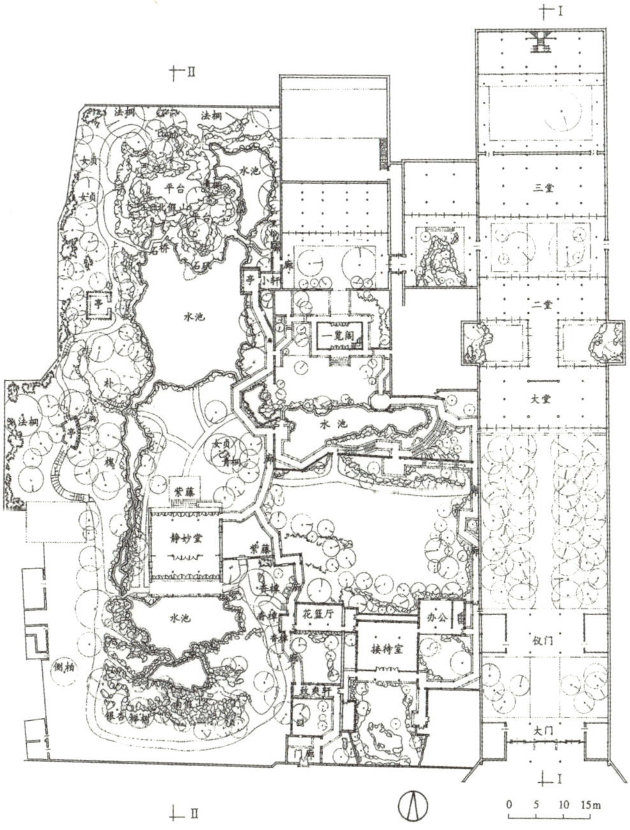

图 7–4　南京瞻园平面图

所谓集散，就是要将水面进行适度的开合与穿插，既要展现水体主景空间，又要引申水体的深度，避免水面的单调、呆板。所谓“聚则辽阔，散则潆洄”。水之聚散是相对的，又是相辅相成的。通常来说，小园林的水体“聚”胜于“分”，大园林的水体则以分散为主、辽阔见长（见图 7–5）。

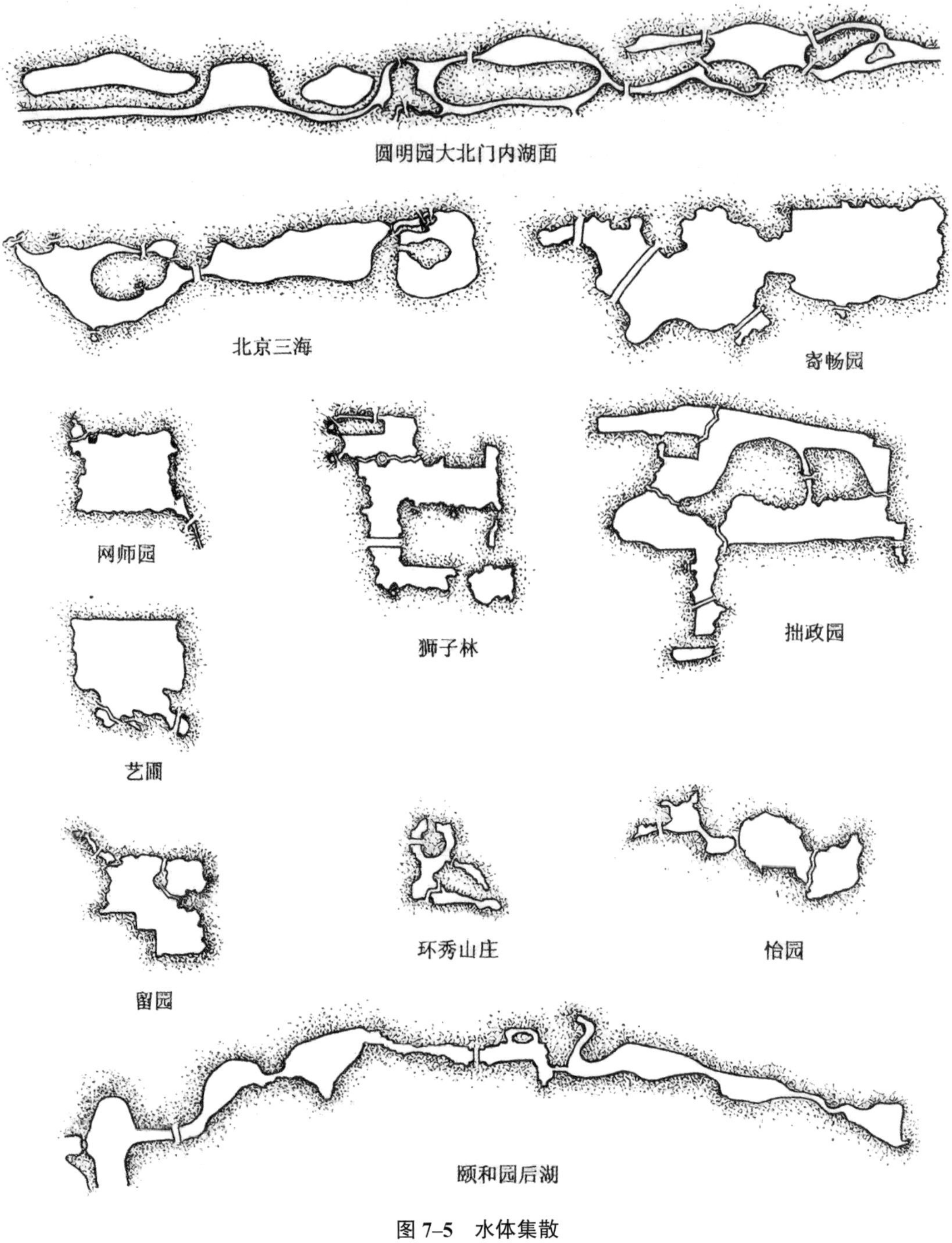

图 7–5　水体集散

昆明圆通寺就是集中用水的典范之一，在平面的中部挖有一个方形水池，四周沿边建有围廊，水池正中心建有一座八角亭，南北各有一座石桥相通，将水面均分为东、西两半，东、西两边沿廊建有对称水榭各一座（见图 7–6）。过桥往北，是气势磅礴、富丽堂皇的大雄宝殿。水院幽静清透，游人宛若置身于水乡泽国。

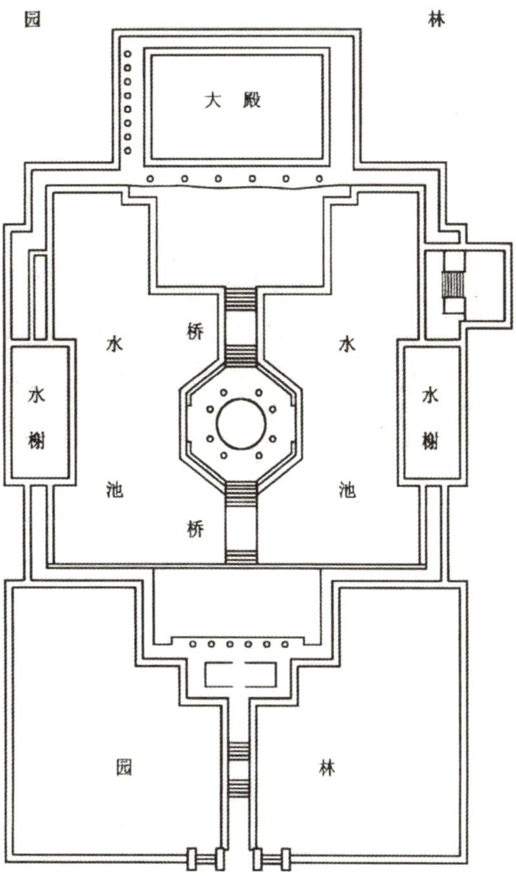

图 7–6　昆明圆通寺集中用水式布局

分散式水面布局常在水中设置堤、岛、桥用来分隔水面，将园林的整体水域分割成多个相互关联的区域水面，池水需要做到迂回曲折。用化整为零的方法把水面分割成相互连通的若干小块，能够给人一种水路萦回、深邃藏幽之感。

拙政园中部的主体水域被岛屿、曲桥、亭台楼阁等建筑分隔为大小不同的部分，随着水面的变化而形成若干大大小小的中心，凡水面开阔的地方都因势利导地借亭台楼阁或山石的配置而形成相对独立的空间环境，而水面相对狭窄的溪流便将各空间环境连为一体（见图 7–7）。

图 7–7　拙政园：分散式水面布局

具体而言，首先，水面有聚有分，变化多样。在远香堂观看水面（见图 7–8），给人一种水面旷渺之感；为了达到分而不隔、隔而不断的景观视觉效果，水面中与岛屿相连的曲桥均为平桥低栏，结构简洁轻快；为使水有“疏水若为无尽”之意，还在主体水面的三个方向留有水口，使水体具有“源之去由”的自然水体属性。其次，采用狭长水面拉长视线，再加上建筑的点景、植物掩映、驳岸处理，造成水面无边无际的感觉，丰富景观的空间层次。以小沧浪（见图 7–9）为例，小沧浪是一座三开间的水阁，两面临水，与小飞虹、松风水阁构成了一个娴静的水院。自小沧浪凭栏北眺，是观赏水景的最佳去处。各路水源在远香堂前汇聚一池，到了香洲前突然分流而去。其中一条支流弯弯曲曲，扑面而来，经过小飞虹、小沧浪，有一种余味未尽的感觉。

图 7–8　远香堂

图 7–9　小沧浪

7.2　池岸处理

自然形成的池岸往往以土岸为主，其间可以栽植花木加固土岸。而人工水池往往采用沿池布石的手法，既可加固池岸，而且水石结合可以打破水面的单调感，又方便游人临池游赏。

7.2.1　土岸坡度不宜陡

图 7–10　土岸

土多石少的池岸更富有野趣，因为石为人开而土为天然，土多石少就多一份天然之趣。池岸处理中，为了防止泥土崩塌，土岸坡度不能太陡，所占面积自然较大，因而小规模的园林很少采用。如果园林面积较大且处理得当，土岸会有很好的效果。如图 7–10 所示，土岸边芦苇丛生，林木茂密，景象自然生动，颇具江南水乡特色。如图 7–11 所示，假山东南土岸叠石一两层，配以林木竹丛，有紫藤舒展探伸于水面之上，既保护土岸，又增添山林景色，是一举两得的处理。

图 7–11　石岸

7.2.2　驳岸处理应自然

“水本无形，因岸成之”，驳岸成了开池理水不可或缺的内容。传统园林滨水岸线的设计手法，源于自然界的湖、潭、湾、瀑等，强调对驳岸进行曲折变化的处理，因地制宜、因时制宜，绝对不是对自然水体进行生硬模仿或简单浓缩，而是对自然水体作抒情写意的再创造，大多取其意境的联想，使驳岸生动自然。

砌筑自然式叠石池岸，对于湖石或黄石需求的数量很大，施工也较复杂。而石材形体的选择，以及对于石缝的处理，也会对园景产生不小的影响。在造型上，条石石缝呈现水平状，易与水面及房屋相配合，与乱石和虎皮石相较，为砌筑驳岸的更佳选择。岸边的石块以其质地的坚、强、重与水的柔、顺、轻形成对比，达到对立统一的美的境界。驳岸石横卧，使得水面更显辽阔，水岸线生动自然。

环秀山庄补秋舫（见图 7–12）的驳岸为了与左右石壁相呼应，在条石间嵌砌若干湖石，是一种较为生动的做法。

图 7–12　环秀山庄补秋舫

7.2.3　叠石池岸不宜高

叠石池岸不宜僵直，尤不能太高，否则岸高水低，如凭栏观井。沿池布石是为了防止池岸崩塌和便于人们临池游赏，但处理时还必须与艺术效果统一。苏州各园中的叠石岸（见图 7–13）无论是用湖石还是黄石，都是比较成功的，一般都掌握了石材的纹理和形状的特点，使之大小错落、纹理一致、凸凹相间，呈出入起伏的形状，并适当间以泥土，以便于种植花木藤萝。

图 7–13　叠石岸

网师园池南及池西北石岸（见图 7–14），在临水处架石为若干凹穴，使水面延伸于穴内，形同水口，望之幽邃深黝，有水源不尽之意；而整个石岸高低起伏，有的低于路面、挑出水面之上，有的高突而起可供坐息，是黄石池岸中处理较好之例。

环秀山庄在临水假山脚下挑出巨大的湖石（见图 7–15），宛如天然水洞，也是成功的手法。沧浪亭外的水岸（见图 7–16），用嶙峋的黄石叠成参差错落的驳岸，极富自然之趣，且引发人的想象。为了便于临近水面取水浇灌花木，叠石池岸常有自然式踏步下达水面，这种踏步也有利于造成池岸形象的变化。

图 7–14　网师园池南及池西北石岸

图 7–15　环秀山庄临水假山脚下挑出的湖石

图 7–16　沧浪亭外的水岸

7.2.4　池岸要素应丰富

图 7–17　石矶

石矶（见图 7–17）为传统园林中常用的池岸处理手法。石矶是水边突出的巨大岩石，临水布置可以使水池周边更加自然，增添人与水的亲近之感：有的层叠不齐，从水边向外逐渐收缩；有的是在池岸边设置几块不同高度的石体。

石矶大致有两种形式：小型的仅以水平石块挑于水面上，模仿自然岩石形态。网师园彩霞池驳岸间以石矶，均用黄石模拟自然山貌的水平层状结构，低平开展与主山横向层理造型协调而产生韵律，使之成为岸边“云岗”假山山脚余脉的收头，与池东北侧的黄石山洞成掎角之势，构成均衡。

大型的以崖壁与蹬道等作背景，叠石如临水平台，与崖壁形成横与竖的对比，并使崖壁自然地过渡到池面。如拙政园雪香云蔚亭南侧石矶（拙政园中部石矶）。

除石矶外，园林中还善于应用植物和建筑丰富池岸。网师园形象多样的建筑可设在水边，也可设在水中，还可退居岸边以外。网师园围绕中央水池，有一系列面向水池的建筑（见图 7–18）。月到风来亭设在水中，濯缨水阁一半在岸上一半在水中，射鸭廊紧邻水边，小山丛桂轩与假山和水面相隔，看松读画轩则位于水边的花坛之后。

图 7–18　网师园面向水池的建筑

7.3　水有清音

人们对于园林的感受与欣赏，是视觉、听觉、嗅觉等共同作用的结果。中国传统园林历来重视声景的营造，《诗经》中使用了大量篇幅描绘当时各种各样的声景观，《园冶》中也将声音作为构园要素予以强调。

7.3.1　命名有清音

研究表明，中国传统园林水声景点的营造到清代为最鼎盛时期。水声景点的命名多用 3～4 个字直接或间接地点明其声景特点以及声源类型。常见有两种手法：

（1）直接法。

用“听、声、音”等字来直接表示该景点与声音有关，还用“水、瀑、泉、涛、江”等字来直接点明水声景点的声源类型。

（2）间接法。

用“琴”等乐器来隐喻该景点与声音有关，也可用“玉、雪、寒、瑟”等以比喻修辞手法来间接点明声源类型，如北京圆明园蒨园的韵天琴、河北承德避暑山庄的千尺雪、北京玉泉山静明园的峡雪琴音等。

中国传统园林水声景点见表 7–1。

表 7–1　中国传统园林水声景点

空间特征	地点	朝代	声景点
整个声景点被围合	四川成都西园	五代—北宋	潺玉亭
	北京颐和园谐趣园	清	玉琴峡
	河北承德避暑山庄	清	风泉清听
	江苏无锡愚公谷	明	听泉山房
	河北承德避暑山庄	清	玉琴轩
	天津静寄山庄	清	千尺雪
	北京圆明园	清	夹镜鸣琴
	四川峨眉山	唐	清音阁
	天津静寄山庄	清	写音书屋
	江苏无锡寄畅园	清	八音涧
	天津静寄山庄	清	众音松吹
	河北承德避暑山庄	清	远近泉声
	北京静心斋	清	韵琴斋
	北京圆明园	清	水木明瑟
	北京颐和园霁清轩	清	清琴峡
	江苏苏州惠荫园	清	屏山听瀑
接收点被围合	北京玉泉山静明园	清	清音斋
	北京西苑淑清院	清	流水音
	北京圆明园蒨园	清	韵天琴
	北京颐和园谐趣园	清	水乐亭
	江苏扬州双峰云栈	宋	听泉楼
	江苏苏州寒山别业	明	听雪阁
	河北承德避暑山庄	清	千尺雪
	北京玉泉山静明园	清	峡雪琴音
	北京圆明园如园	清	听泉榭
	北京西苑淑清院	清	千尺雪
	江苏苏州狮子林	民国	听涛亭
	河北承德避暑山庄	清	月色江声
	江苏扬州城闉清梵	清	听涛亭

造园家一直利用水体丰富可变的形式来营造多样的声音效果。水声的运用不仅丰富了景观体验，使其更加立体、生动、饱满，还可通过调节水流的高低缓急产生不同音调的水声，从而帮助游人感知空间氛围。除此之外，通过采用“未见水景而先闻水声”的手法，使得水声在空间营造上具有引导提示的作用，激发游人的好奇心，指引其循声游至景点。

7.3.2 流水为乐声

“滴水传声”，水声反衬出环境的幽静。唐代著名山水田园派诗人孟浩然有诗句“竹露滴清响”，连竹叶上的露珠滴入水中的声音都能听得见，仅仅一滴水声就把人们引入一个十分幽静的空间之中。

图 7–19　虎跑泉

杭州虎跑泉（见图 7–19）的水乐之水，四季清泉长涌，水声悦耳动听，素有“天然琴声”的美誉。寄畅园八音涧（见图 7–20），利用惠山二泉的伏流，辟涧道曲流，制造出曲涧、飞瀑、流泉、澄潭等水景，伴以各种水声与岩壑共鸣，犹如“八音齐奏”，是借“山水有清音”的范例。北京北海濠濮间（见图 7–21），叠石粗犷，水口有泉瀑，水声活泼生动。苏州狮子林（见图 7–22）水池西边平地叠山，利用建筑滴水檐，造成人工瀑布注流入湖，水声增添园林空间的音乐感，为观赏此景，山上专建飞瀑亭。

图 7–20　寄畅园八音涧

图 7–21　北海濠濮间

图 7–22　苏州狮子林

7.3.3　设点赏水声

在接收点方面，亭、轩、阁为使用频率较高的建筑形式。这是因为亭、轩、阁四面开敞，声音的接收面积大。相较于其他类型建筑的厚重感，因其体量小巧，便于放置于园中各处，受地势限制较少，更容易让人亲近自然的流水，与流水相映成趣，也符合园林营建中“师法自然”的宗旨。

在苏州传统园林中，更有“留听阁”“听雨轩”“听松风处”“梧竹幽居”等以欣赏声景为主的景点（见图 7–23）。上述种种，无不说明重视声景的营造乃是中国造园艺术的重要传统与特征。

在园林理水造景中，若能运用手法制造出水体的种种声音，就能给游人带来美好的听觉感受，观赏效果十分惊人。

图 7-23　亭、轩、阁

7.4　现代演绎与现代景观

古人云“石令人古，水令人远”“园以水活”。水是构成园林的四大要素之一，也是其中最活跃的一种要素。从园林的生成期至成熟期 3 000 余年间，传统园林理水从简单的引水入园发展出一系列具有中国特色的理水模式。由于它是在传统审美意识的影响下被创造出来的，较为符合中国人的生活需求和审美情趣，因此在当今国内的园林理水中依然有借鉴和发展的价值。现代理水要力求时代出新，但又在核心处秉持自己的特色。

7.4.1　空间交错

传统的“借水成景”的理水手法（见图 7–24），主要讲的还是较为简单的互映关系。在当代多元的审美意识里，对园林理水的要求也不限于简单的互映，人们需要更丰富的空间感受。

现代的理水不仅与建筑的内外空间结合，还与建筑表皮融为一体。水与建筑内外空间结合的案例越来越多，水景与空间的组合模式越来越丰富，建筑也因水景的加入而显得更生动。如北京长城脚下的公社“竹屋”别墅（见图 7–25），水在建筑以内或是以外着实难以分清，内外的水景融为一体，是理水在空间处理上的一个新手法。

水与建筑的表皮融为一体的案例也有很多，如 Z58 办公楼内墙面的玻璃与水的结合（见图 7–26），使人们在办公时不仅可以听到水在玻璃百叶上滑过且滴入池中“叮叮咚咚”的声音，还可以体验到阳光被水和玻璃折射后透进办公楼所营造出来的温馨的感觉。

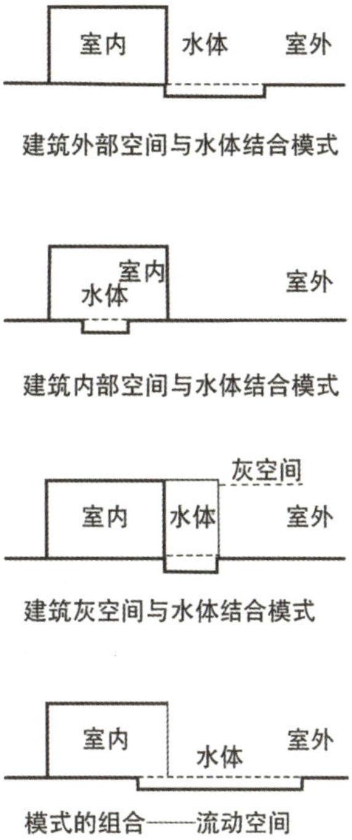

图 7–24　借水成景

图 7–25　“竹屋”别墅

图 7–26　Z58 办公楼

7.4.2　动态雕塑

传统的“涧瀑生奇”指的是垂落式的水景。随着科技的发展，水的体态亦可以被塑造出来，如喷泉。现代的水景设计师利用发动机等设备将水的运动的“形”作为一种艺术形式来进行探讨，有的水形甚至是一种“动态的雕塑”（见图 7–27）。

图 7–27　动态雕塑

喷泉在当代的理水中被广泛运用，可以根据不同的需求来塑造不同的水体形态。如济南泉城广场的音乐喷泉（见图 7–28），水柱随音乐轻轻摆动，最高的达数十米，蔚为壮观。又如现在很多的商业街区安置的小品式的喷泉也极为生动。

在国内，比较典型的例子就是水立方的喷泉（见图 7–29）。水立方和鸟巢之间的喷泉，虽然看似简单，但多种多样的水态融合音乐、灯光以及游人的嬉乐，构成一幅美景。水立方的表皮又是一种意象式的表达。水立方的“梦幻水立方”，把喷泉搬到了舞台上，成了台上的主角，演绎了一场水的盛会。

图 7–28　泉城广场音乐喷泉

图 7–29　水立方喷泉

7.4.3　雾化水景

“雾”在传统园林理水中起着重要的作用，雾可以增加园林水景的朦胧感和诗意。传统意义上，雾是依季节气候自然生成，并不受人为的控制，只能期待与它的不期而遇。而现今人工喷雾的加入，使得人们不需要等到雾天就可以感受到雾，而且雾的方向、大小、形态都可以控制（见图 7–30）。

图 7–30　雾化水景

雾喷泉（见图 7–31）属于喷泉的一种。由于喷头设备的差异，雾喷泉有微雾、冷雾和雾森三种形式，主要区别在于雾化颗粒大小不同，从而形成不同的雾化效果。微雾和冷雾形成水态雾，颗粒较大，以除尘、降温功能为主。雾森是气态雾，会随着风或是人的游走而漂移在园林中，能拓展时空、烘托气氛，此外它又有减尘、加湿和降温的作用。

图 7–31　雾喷泉

杭州西溪国家湿地公园（见图 7–32）位于杭州市区西部。西溪湿地公园的雾森系统设置在高庄、莲花滩观鸟区、河渚古街、湿地植物园等处，主要集中在水域一带。轻盈如薄纱的人造雾效果除了营造“一曲溪流一曲烟”的景观和给游客带来视觉的享受外，还有降温增湿的功效，是湿地内水分保持和植物养护的一大助手。略浓的雾掩映了自然堆积状的石形，去除了生硬的人工痕迹，柔化了自然景致；淡淡的雾烘托了岩石缝中汩汩流淌的溪流，树荫掩映，小桥流水，朦朦胧胧中感应着自然意境。公园的游客也反映雾气浓郁之时有身处仙境之感。

图 7–32　杭州西溪国家湿地公园

7.4.4　容器式水景

在当代用地面积剧减、水源受限的大环境下，人们与水互动的需求急剧膨胀，于是“容器式”水景就出现了。这种理水手法在传统园林理水中的雏形是“鱼缸”，或者可以称

“聚宝盆”（见图 7–33）。到了现代，此种理水手法可以根据不同的材料、地势和场地需求营造出各式各样的水景。

图 7–33 “聚宝盆”水景

“来历去由”是传统理水的重要手法，强调的是“水有进有出，有源头又有去处”。在当代水资源极度缺乏的情况下，“水泵循环”（见图 7–34）就成了理水的重要手法，尤其是容器式理水的一个重要的新手法，被用于水源难以被引入的区域。容器式水景在小区、商务中心或建筑内都频繁出现。虽然需要定时换水、清洗，但在小面积水景或是引水困难的条件下也是非常适用的。

图 7–34 “水泵循环”水景

如西安赛格国际购物中心的室内水景（见图 7–35），打造了 411.3 平方米全球最大室内景观瀑布，瀑布长 108 米，主要由中庭三级落差 15 米瀑布、二层至五层园林溪流景观、五层跑泉、五层至七层数字水帘系统等部分水景构成。景观利用流水、雾化、灯光、音乐、绿植、假山、步道、木桥、景石等要素组合，在建筑物的不同部位因地制宜地设计了不同表现形式的水景观，设计中从全方位着眼考虑设计空间与自然空间的融合，不仅仅关注平面的构图及功能分区，还注重全方位的立体层次分布。其构图线条简洁流畅、从容大度，空间分布错落有致、变化丰富。潺潺的流水顺台阶而下，形成一处处独特的跌水景观，周边的绿植在水面倒映出绿色的斑斓，让人有身处野外自然之感。简练的线条搭配细致的小品，整洁的绿植和规则的水景交相辉映，一种大气的感觉浑然天成。身处商场，却能一步一景、移步换景，无论何时、无论哪个角度都能令人获得愉悦的立体视觉效果。

图 7–35　赛格国际购物中心

7.4.5　互动式水景

互动式水景（见图 7–36）与人的互动可分为两种状态，即由人主导互动和由水景主导互动。在由人主导的互动式水景中，人可通过实体用户界面或自然用户界面与水互动，目前多数设计采用实体用户界面。

图 7–36　互动式水景

以成都云朵乐园为例（见图 7–37），其旱喷广场中的喷泉是由广场外围的互动踩踏装置控制的。踏板被踩踏时，喷泉喷出，儿童淋水嬉戏；如无人踩踏则喷泉停止，此处变成干爽安静的一隅。人的行为引发了水景状态的改变并激活了整个空间的活力，而愉悦活泼的氛围反过来影响了其中的人。

图 7–37 成都云朵乐园

另外，除了儿童，年长的人也可通过踩踏激活喷泉来参与其中。位于云朵乐园另一处的互动涌泉（见图 7–38）则通过物理触控实现互动。7 个触控开关被设置在浅水池池边的大石台上，每个触控点分别控制池中对应的涌泉。由此，在池边控制喷泉的人与在池中嬉水的人建立了联系，岸边的观赏者也有机会成为空间的参与者，从而促进了人际交流。

图 7–38 互动涌泉

在由水景主导的互动式水景中，设计师基于场地情况及该空间使用者特性，通过计算机技术与喷泉技术来预先设计好水景的变化，从而吸引人们参与其中。例如，重庆来福士商场的阵列直喷水景（见图 7–39），沿矩形边缘排列的直喷水柱成为高低变化的围栏，当一侧的水柱降低时，人可跨越矩形边缘走进内部，而当边缘的水柱再次喷起时，矩形内的人就被水柱围在中间，只能等到下次水柱降低时离开。尽管水景的变化已被预先设置好，但是预留了与之互动的入口与机会，人可与水亲密接触并直接受喷泉变化影响而改变行为。

图 7–39　阵列直喷水景

另外，互动式水景也被用于对时间的回应。例如，北京五道口的购物中心商业广场的转盘喷泉（见图 7–40），一组涌泉和一个树池被设计在可旋转的圆盘上，圆盘每旋转 50 分钟回到原点，涌泉就会开启并持续 10 分钟后停止，之后圆盘继续转动。时间的流逝被具象的水流所记录并直观地展现在人们面前，人们或坐在树池边随着圆盘旋转，或站在喷泉边等其开启。沉默的空间被转盘喷泉激活，在时间维度上被赋予新意义，成为广场的时钟，并延长了人在此的停驻时间，促进了社交活动的发生。

7.4.6　意向式水景

传统园林池沼（见图 7–41）的形状多仿自然之形，河流、溪涧、曲水、瀑布、喷泉等水景形态亦在仿自然之形，如拙政园、网师园等江南私家园林。但在当代审美意识下，“仿”被赋予了新的意义。“意象式”在现代景观设计中指的是意象的提取，是用当代的符号、当代的图像语言去解读自然及营造符合时代感的理水的意境，如桑基鱼塘（见图 7–42）。

由桑基鱼塘的自然形象提升出来的视觉平面肌理，阡陌交通的栈桥和道路将用地分割成大小不等、形态各异的几何体，下沉为水景，时而水如镜面，时而加点喷泉点缀，或上浮为种植乡土林木的小丘，或成为区域小广场（庭院），或是地下室采光天井，并在其上点缀以乡土材料建造的现代景观，以形态和乡土材料组合解决高起的若干地下室采光天井的视觉问题，从而贯穿、延续地域景观。用栈桥、道路、水景与庭院等实际功能体块勾勒出“桑基鱼塘”的网状肌理（见图 7–43、图 7–44），让人体验到的不仅是肌理间生动丰富的功能联系，还有亲切舒缓的基塘肌理带给人对土地的归属感。水景在场地中被分别作为生态湿地以及地下室采光天井上的薄水之用。其重点不在于再现水景的不同形式，也不在于水景带来的若干亲水活动，而在于对区域文化、生活及当地自然环境关系的尊重。

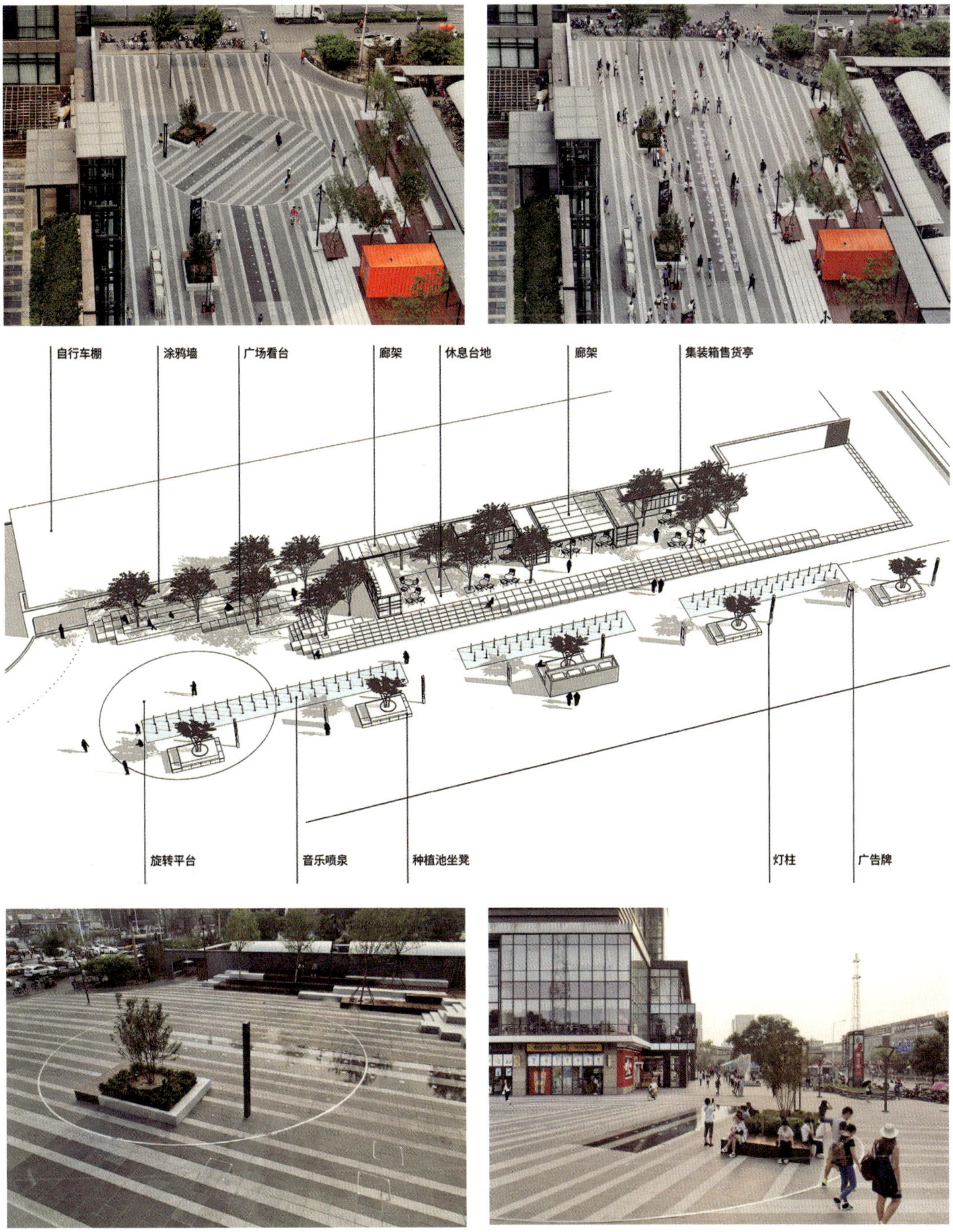

图 7–40　转盘喷泉

图 7–41　传统园林池沼

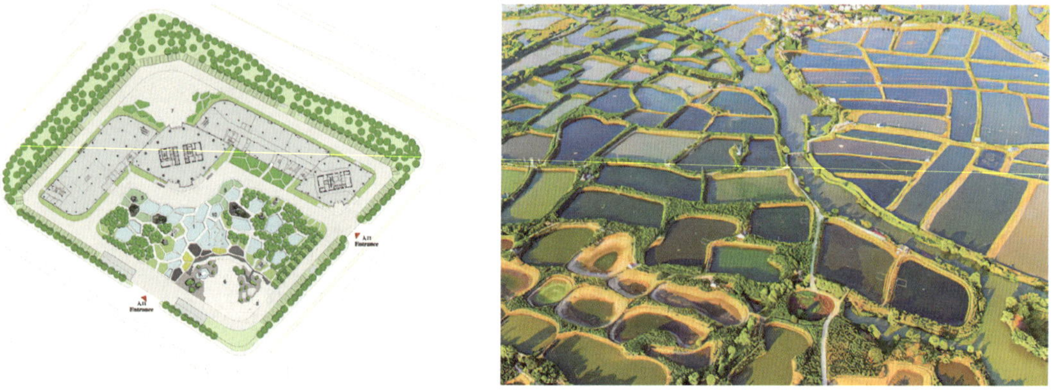

图 7–42　桑基鱼塘

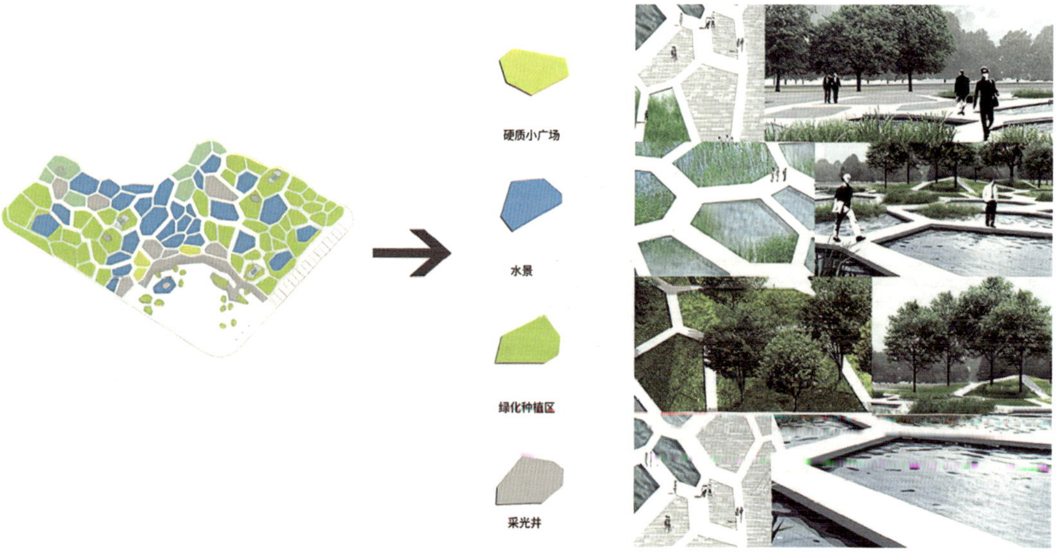

图 7–43　意向式水景（1）

图 7–44　意向式水景（2）

本章小结

主要内容：本章重点阐述了园林设计中水景的构成原理和应用技巧，以及不同类型的水景设计。本章通过分析藏源、引流、集散三个手法的运用，展示了如何通过水景设计深度、迂回、层次感丰富的水景观环境。同时，本章还介绍了池岸和驳岸处理的技巧，例如土岸应适当种植植被花木、人工水池可采用沿池布石的方式、叠石池岸应该利用石材特点形成自然的错落形状等。此外，还介绍了中国传统园林中的声景营造。水声是最重要的声景元素之一，可以提供幽静的环境和不同的音调以调节空间氛围。亭、轩、阁等建筑形式常用于接收水声，营造出水声的艺术氛围。最后，介绍了现代演绎与现代景观中的园林理水，包括空间交错、动态雕塑、雾化水景、容器式水景、互动式水景和意向式水景六种不同类型的设计。

重点：本章重点为理解水景的构成原理、应用技巧以及池岸和驳岸的处理手法。

难点：本章难点在于如何从传统园林景观设计中汲取灵感，应用于现代水景观设计中。

任务模块

思考任务

1. 分析中国传统园林中构成水体曲折的条件有哪些。

2. 思考本章中提到的昆明圆通寺和拙政园的水景设计，你认为这些设计的共同点是什么？

3. 在园林设计中进行驳岸处理时如何达到更自然的效果？

4. 石矶的驳岸处理手法包括哪两种形式？

5. 思考园林中水声景点的常用命名手法有哪些。

6. 在现代园林设计中巧妙地应用水声元素，是否存在一些新的技术和手法来制造水体的声音？

7. 思考传统园林理水和现代理水有哪些不同之处。

8. 现代理水手法中与建筑表皮融为一体的案例有哪些？

9. 思考水在现代景观中的演绎具体表现在哪几个方面。

10. 现代理水中有哪些设计方法可以应对引水困难的情况从而实现理水效果?

拓展任务

1. 根据本章内容简要画出几种驳岸类型。

2. 小组讨论传统园林中声景观的营造方式。

3. 在 A4 纸上绘制池岸处理方式的思维导图。

4. 举出几个著名的现代园林案例，以文本的形式分析它们的理水手法。

5. 搜索一些著名的古代或现代中国传统园林，分析它们的水景设计，并说出你认为最为成功和出色的水景设计是哪个，理由是什么。

6. 现代景观设计中声景营造的重要性如何体现?你可以选择自己喜欢的一个现代景观进行案例分析。

设计任务

1. 设计一个简单的水景观并画出示意图，考虑如何体现“藏源、引流、集散”三个条件，以及如何通过运用不同的水景元素来创造深度、迂回和层次感。

2. 设计一个小型水池，包括处理池岸的方法。在设计中要考虑到安全、美观和实用性等方面的因素，绘制简要示意图和撰写设计方案文本说明。

章节资源

1. 胡长龙 . 园林规划设计［M］. 北京：中国农业出版社，2010.

2. 刘滨谊 . 现代景观规划设计［M］. 南京：东南大学出版社，2005.

3. 毛欣 . 基于传统风水理论的清代北京皇家园林理水手法研究：以颐和园、圆明园、静明园为例［D］. 泰安：山东农业大学，2022.

4. 何家贤 . 中国传统园林中的“曲水”形式初探［D］. 杭州：中国美术学院，2022.

5. 徐胜烨 . 中国传统园林理水之“以水为心”的形式探究［D］. 杭州：中国美术学院，2022.

6. 闫霄雯 . 基于可持续雨水管理优化的公园绿地规划设计［D］. 北京：北京建筑大学，2020.

7. 刘亚伟，吴国源，冯天敏 . 山、水意义视域下《园冶》“理水”论述组织方式刍议［J］. 中国园林，2021，37（9）.

8. 费文君，徐畅 . 中国园林理水文化艺术在现代景观设计中的“传”与“承”［J］. 艺术百家，2020，36（2）.

9. 梁明捷，李萌．岭南与北方、江南园林理水文化对比研究［J］．湘潭大学学报（哲学社会科学版），2020，44（1）．

10. 李胜．园林驳岸构造设计与实例解析［M］．武汉：华中科技大学出版社，2012.

11. 袁德贞．园林叠山理水技艺图解［M］．北京：中国林业出版社，2016.

12. 袁晓梅，吴硕贤．中国古典园林的声景观营造［J］．建筑学报，2007（2）．

13. 匡小荣，石星媛．互动式水景在城市公共空间中的应用研究［J］．中国建筑装饰装修，2020（12）．

14. 汪艺文．园林水系驳岸景石造景技术探究［J］．绿色环保建材，2019（5）．

15. 石楚玉．中国传统园林理水手法在现代景观中的应用研究［D］．长沙：湖南农业大学，2019.

16. 王雪．传统园林景观中水景设计手法在现代庭园景观设计中的运用［D］．天津：河北工业大学，2015.

17. 刘雨鑫．水景景观设计中水形态的表达与运用研究［D］．西安：西安建筑科技大学，2019.

8. 一拳则太华千寻

Rock and Stone Feature Design

一拳指园林中具有一定尺度的假山，太华指中国五岳里的华山，千寻指华山的险峻雄伟。“一拳则太华千寻”的意思是仅仅一个拳头内的山石，就仿佛看见了华山那峰峦叠嶂、延绵不断的壮阔气势。

贝聿铭在设计苏州博物馆新馆之初就曾表示，与其在传统的叠石上苦下功夫，不如另辟蹊径。在博物馆北面，他以白墙为画卷，以山石为载体，打造出一幅“水墨长卷”（见图 8–1），代替了传统园林的堆山叠石，却仍营造出了“一拳则太华千寻”的意境。其石块大小不一、高低起伏不平，似层峦叠嶂，连绵不绝。这样别出心裁的片石假山设计，继承了古代用叠石营造的山石之趣，用现代的手法渲染出传统的意境。

图 8–1　苏州博物馆新馆的“水墨长卷”

8.1　功能作用

明文震亨《长物志》水石卷开篇即言：“石令人古，水令人远。园林水石，最不可无。”诚然，园无水石，岂可称园？造园必有山，无山不是园。假山怪石、细流潺潺是中国园林的主要特点，意在体现天然之趣的自然之美。

造山是中国园林的一大创造，从《尚书·旅獒》所载的“为山九仞，功亏一篑”来看，堆土筑山大概在春秋时期（公元前 770—公元前 476 年）就已经出现了。至于叠造石山，根据《三辅黄图》对茂陵富豪袁广汉私园的记载，可知在西汉已相当发达。中国传统园林造山，原则上不追求体量的庞大，以能得山林意境为上乘。

著名园艺家汪星伯在其《假山》一文中说：“假山是从真山来的，也就是指用人工堆起来的山。”假山是用叠山的技艺，仿照大自然的造化，再现自然界山体的壮观，供人们游览和观赏，如留园五峰仙馆庭院假山（见图 8–2）。明代造园理论家计成在《园冶》中说：“有真为假，做假成真。”意思是说，有了真山的意境来堆假山，堆的假山就极像真山。

图 8–2　留园五峰仙馆庭院假山

又说："稍动天机，全叨人力。"就是说，假山的构成、设计要运用巧思，完成则全靠人力。据研究，中国的假山始于汉代，苏州见诸记载的假山的最早实例是东汉管家园中的叠山。此后，随着历代造园技艺的不断发展，特别是唐宋以后，历经元明清至今，叠山名家辈出，假山成功之作比比皆是，使叠山艺术和技术历经一千多年长盛不衰。究其原因，与文人辈出、工匠技艺超群、叠山材料丰富、造园兴盛等因素息息相关，特别是苏州和太湖流域地区盛产太湖石，为叠山提供了丰富的物质基础。假山因材料不同可分为土山、石山和土石相间的山。置石可分为特置、对置、群置、散置和点缀。用山石堆叠驳岸、石矶、水口或护坡，自然延伸至水中，使水池产生深远意境，石秀、水曲、景幽构成了中国传统园林的鲜明特色。

中国传统园林善于利用叠石掇山自然灵活的特点分割和组织空间，通过障景、对景、框景，与水体结合迂回曲进等多种手法，使空间更富有变化和情趣，适应不同景物、景观构成在空间大小、开合、高低、明暗等方面的配景要求，调整人们的视觉和尺度感，使园景能达到小中见大、以少胜多，在有限的空间内获得丰富的景色，体现无限的创意。如拙政园进门以黄石假山作为障景，沿廊绕过假山才能观赏到园中主景远香堂及荷池，体现了观赏苏州园林"先抑后扬"的独特艺术构思。

中国传统园林中，山石小品点缀与建筑、植物、水系相结合，以石造景，以石配景，成为丰富园路两侧、走廊前行方向、建筑物迂回转折空间变换处景致的一种主要方法，使游人得到移步换景的艺术享受（见图 8–3、图 8–4、图 8–5）。园林中的特置石峰、花台布置、厅堂踏步、亭楼石级、山石几案以及嵌壁叠石等是常用的表现形式，山石点缀与绿植陪衬结合是苏州传统园林中空间景观处理的经典做法。

图 8–3　假山与长廊结合

图 8–4　假山与桥结合

图 8–5　假山与建筑结合

假山与建筑的结合是中国传统园林景观的特色之一。在中国传统园林中用山石来陪衬建筑，可以丰富建筑立面，渲染和增加自然气氛。如《园冶》中所说的：园山、厅山、楼山、阁山、书房山、池山、内室山、峭壁山、石屋等，均是用叠山来陪衬建筑的做法。山石与建筑物和谐结合，以石配景和衬景，并适当运用局部夸张的艺术处理手法，使建筑物增加了自然的气氛。园林、庭院假山与地面铺设花街的衔接之处断连要自然，对勾显假山平面布置曲线至关重要。一般沿山石自然曲线留出适当空隙，用书带草等常绿草本植物分隔衬托，砌瓦片筑边。允许部分山石，如踏步、山脉等，与铺地作不规则连接，但切忌满铺满连。

假山与植物造景的关系最为密切。假山需有植物作衬托，如果假山上寸草不生，则显枯山一座，缺少生气。假山布置应根据造景需要，预留适当空穴培土，种植树木花卉，或山石与植物相配合，则能营造出诗情画意的山林景色，游人置身其间能感受到自然气息。以石为主的采取小栽植池、树池、花池和灌木池等，土石相间叠山的栽植应结合地形和山石恰当配置，如自然栽植法、悬崖栽植法、竖向插入法、侧向种植法、缝隙栽植法、攀爬培植法等。在假山上植树应考虑树的位置、疏密、姿态、生长速度等，这样才能发挥较好的陪衬作用。除花台以外，配置的植物一般不必过于艳丽，以常绿为主，如松、柏、枫、竹、芭蕉、书带草等。紫藤、凌霄等攀援植物也常用于衬托山石，效果比较理想，也可以根据传统习惯和设计构图来选择配置。

与自然的结合：可利用采光和投影来表现假山的立体质感，如山洞的采光口、临水假山的倒影、不同光照折射下石色与投影的变化等。要观赏临水假山的水中倒影，水面与山高的比例以 3∶1 为宜。总之，在园林中挖池叠山，如处理恰当，就能达到“虽人工开凿堆叠，也宛若自然”的意境。这样的假山，其组合形象富于变化，有较高的创造性，是世界上其他国家的园林中罕见的。古代匠师们从无数实物中体会山崖洞谷的形象和各种岩石的组合以及土石结合的特征，融会贯通，不断实践，才创造出雄奇、峭拔、幽深、平远等意境。

8.1.1 借山抒情

园林中的山石是对自然山石的艺术摹写，除兼备自然山石的形神外，还具有传情的作用。如扬州个园以山石为景而分别象征春、夏、秋、冬四时景色，反映了造园家借物传情、从主观返回到客观的过程。

8.1.2 登高远眺

利用山石还可以堆叠成各种形式的蹬道，与路径相配合，使建筑与山石结合得更加自然、紧密，而且通过蹬道可使内外空间直接连通，登上园林的最高点纵览全园。

8.1.3 遮挡视线

山石还可以起到类似影壁那样的遮挡视线的作用（见图 8–6）。

例如，拙政园的入口处理，进腰门后，怪石嶙峋，苔藓斑驳，犹如一面翠嶂横在眼前。倘无此山石，园内景色悉入目中，含蓄深邃之感便失之殆尽。又如乾隆花园遂初堂庭院，虽属园内的一个局部小院，但也在入口处设置了山石，并借以起到遮挡视线的作用。

8.1.4 分割空间

对于大型园林空间来讲，为避免空旷、单调和一览无余，通常可借山石把单一的大空间分隔成若干较小的空间。借山石分隔空间与利用建筑、墙垣分隔空间，其目的虽然一样，但效果却不尽相同。留园中部景区，借山石的堆叠而把空间一分为二（见图 8–7）。

图 8–6 遮挡视线

图 8–7 分割空间

8.2 造物材料

《园冶》相石篇介绍了太湖石、昆山石、石笋、龙潭石、青龙山石、灵璧石、岘山石、宣石、湖口石、英石、散兵石、黄石、旧石、锦川石等十六种石材，而在造园中以太湖石、黄石、石笋、青石最为常见。

8.2.1 太湖石

太湖石是我国传统园林中最常见最重要的石材种类，以造型取胜，形态奇异，柔曲圆润，玲珑多窍，皱纹纵横，涡洞相套，大小有致，可谓是文人审美的完美集合。该石产于水涯，唯以消夏湾者为最。色分白、青而黑、微黑青三种，石坚而脆，敲之有声。其纹理纵横，脉路起隐，于石面遍多坳坎，经水冲击形成缝、穴、洞，有的窝洞相套，玲珑剔透。《园冶》中说："此石以高大为贵，惟宜植立轩堂前，或点乔松奇卉下，装治假山，罗列园林广榭中，颇多伟观也。""瘦、皱、漏、透"是太湖石的主要审美特征。所谓瘦，是指观赏石体态纤瘦，形状怪异却不失挺拔，整体线条清晰明朗，虽清瘦嶙峋却铁骨铮铮。所谓皱，是指观赏石石体层叠交错而形成若隐若现的褶皱，褶皱的弧线自然、不间断。所谓漏，是指观赏石石体嶙峋，孔穴曲弯，空髓网布，纵横交错，或如游龙之灵动，或如彩云之多变，或如骏马之飞腾。所谓透，是指观赏石石体玲珑剔透，洞洞相通、穴穴相连，石体与洞穴的比例恰到好处、协调合理。

图 8–8　留园的"冠云峰"

历史上遗留下来的著名太湖石有苏州留园的"冠云峰"（见图 8–8）、上海豫园的"玉玲珑"等园林名石。冠云峰位于留园东部，林泉耆硕之馆以北，周围建有冠云楼、冠云亭、冠云台、伫云庵等，均为赏石之所。该石峰高 5.7 米，底高 0.8 米，总高 6.5 米，重约 5 吨，为江南园林中湖石之最。冠云峰相传为宋代花石纲遗物，因石巅高耸、四展如冠，所以取名"冠云"。上海豫园的镇园之宝玉玲珑，位于玉华堂前，高约 3 米，宽约 1.5 米，厚约 80 厘米，重约 3 吨，孔多如蜂巢，可呈现"百孔淌泉，百孔冒烟"的奇观。

8.2.2　黄石

黄石是一种带有橙黄色的细砂岩，产地较多。其质坚不入斧，石可依纹理敲开。其色分暗红（内外色一致）、褐（内外同色）、微褐黄（内相白虎斑纹）几种。此石形体棱角分明，纹理古拙近乎垂直，质感浑厚沉实，叠山具有强烈的投影效果。优质黄石的特征是山石呈四方、长方、扁方，横竖纹理清晰、石表纹理古拙，棱角明显，石形雄浑。劣质黄石的特征是山石呈三角或斜劈状，没有明显的棱角，表面光滑，纹理无规则。苏州尧峰山、常州红山、镇江、沿长江流域皆产黄石。随着太湖石资源的枯竭，黄石将是当今乃至今后一段时间用于叠山理水的主要石材。

图 8–9　耦园黄石假山

苏州耦园黄石假山（见图 8–9）筑于城曲草堂楼厅之前，石块大小相间，堆叠自然，陡峭峻拔，气象雄浑。扬州个园假山中的“秋山”也是用粗犷的黄石叠成，并群植枫类与槭类树木，黄石叠山的橙黄与群枫微霜的鲜红、松柏苍劲浓郁的翠绿交相辉映，秋意浓重。

8.2.3 石笋

石笋有青灰、青绿、碳墨等不同的颜色，横断面具有中心通道和同心圆结构，形状竖长如剑，外形修长如出土之竹笋，一柱擎天，挺拔俊秀，形态奇特，具有独特的观赏价值，宜于直立使用形成山石小景，常作点景或对景。

扬州个园的春山在桂花厅南的近入口处。个园门外两边修竹高出墙垣，竹丛中插植有石笋（见图 8–10），以“寸石生情”之态状出“雨后春笋”之意。竹石点破春山主题，传达传统文化中的惜春理念。

图 8–10　个园石笋

8.2.4 青石

北京私家园林中常用的叠山石材是青石。青石的节理面不如黄石规整，不一定是互相垂直的纹理，也有交叉互织的斜纹。就其形体而言多呈片状，故又有“青云片”之称。如西郊礼王园等名园针对青石的特点，将其叠成参差的云形门洞或耸立的剑锋形式，具有硬朗雄健之气，非江南园林所能见。再有北京圆明园“武陵春色”的桃源洞、北海的濠濮间以及颐和园后湖某些局部都是采用这种青石为山。

8.2.5 其他石材

昆山石——马鞍山所产之石。石产土中，为赤土积渍，出土后须挑剔洗涤，其色洁白。此种石只宜点缀盆景，不可为叠山大用。

宜兴石——宜兴市张公洞、善卷洞一带山产石。性坚、穿眼、形奇、质粗。呈黑、黄色，白色质嫩也有之。此类石层夹土质不坚，掇山不可悬。

青龙山石——南京市青龙山石，有大圈大孔者，可凿取做石峰；只一面势者，多用作点缀，不可高叠。

灵璧石——产于凤阳地区灵璧县磬石山。此石产于土中，岁久穴深数米，石表为红泥渍满，遍刮即露石色，刷之显清润，叩之铿然有声，一般多用来顿置几案，也可掇小景点缀，不可为叠山大用。

砚山石——镇江城南大砚山一带皆产石，奇怪万状，小者可整个取出，大者可镌开相连部位取出。石色黄、灰褐，清润质坚，叩之有声，石多穿眼相通，可用作掇假山。

宣石——产于宁国市一带。石色洁白，多于红土积渍，需经刷洗才见其质。该石愈旧愈白，似如雪山。

湖口石——九江市湖口石有数种，或产水中，或产水际，一种色青，浑然成峰峦岩壑，或类诸物；一种扁薄嵌空，穿眼通透，若木板以利刀剜刻之状。石理如刷丝，轻微叩之有声。

散兵石——因汉张良楚歌散兵处而得名，产地在巢湖之南。此石若大若小，形状百态，浮露山表，色青黑而质坚，纹皱古拙。

8.3 类型方法

传统园林用山石进行造物的形式类型丰富，主要包含土山、石山、土石山、花台、置石、粉壁置石、石梯蹬道、踏跺和蹲配、抱角和镶隅、石桥。

8.3.1 土山

土山是全部由土堆叠而成，不用一石。拙政园雪香云蔚亭的西北角即是一例。

8.3.2 石山

石山是全部用石堆叠的假山，一般体形都比较小。中国历史上有许多著名的叠山大师，如戈裕良、李渔、张涟、张然等，他们创造了叠、盖、扣、卡、挂、撑、刹、悬等叠石技法。

数块石料拼接放置叫作“叠”（见图 8–11），横向放置称为横叠，竖向放置称为竖叠，两者往往可以混搭。

“盖”（见图 8–12）是由一块平直的大石板像盖子一样盖在另一块石头上。下面的石头窄，一般竖向放置且凹面朝上；上面的石头则横卧放置，正好盖住下面石头的凹面。

“扣”（见图 8–13）与“盖”看似是双胞胎，但扣在上面的石头不会像盖一样平直，而是有凸起，正好扣进下面石头的凹面。

图 8–11　叠

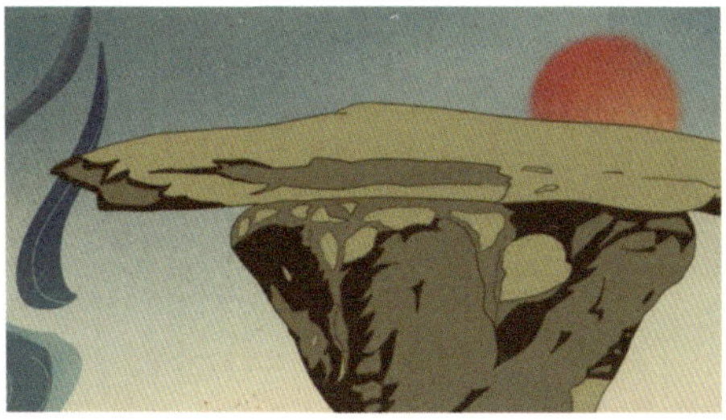

图 8–12　盖

图 8–13　扣

在两块比较大的石块之间夹住一块小的石头，这便是“卡”（见图 8–14），使得山石整体更显灵巧活泼。

“挂”与“卡”相似，“卡”是由三块石头相卡扣，挂是两块石头相“依偎”（见图 8–15）。挂的特点是上面石块的缺口正好卡在下面石块的凸起部分，好像从天上落下挂在上面一般。

“撑”（见图 8–16）指用一块较小的石块作为支撑，撑住上面较大、危险的石块。这样，不但使得上面的石块更加稳定，两个石块之间还形成了空洞，为整个叠石增加了“漏透”之美。

图 8–14　卡

图 8–15　挂

图 8–16　撑

“刹”（见图 8–17）和“撑”有些相似，但作为“刹”的石块更小。为了让较大的石块不能随意移动，在其下面塞一个小石块，将它刹住。

“悬”（见图 8–18）类似于“卡”，但区别在于，用于“卡”的石块是放置在两个石块之间，而用作“悬”的石块是放置在两个石块之上。

图 8–17　刹

图 8–18　悬

除技法外，中国叠山还要求主次分明、层次变化、脉络贯通，形成开合收放、大小迥异的景观空间。石材选择力求自然朴素，类型不可混杂，纹理不可乱，大小不能均匀，缝隙不可太多。在中国传统园林里，山与水协作而具备峭壁、涧、洞的石山做法，已有一套程式化的安排。通常是在临水峭壁下设矶滩、盘道，蜿蜒转入谷涧，谷内隐藏可供小憩的洞窟并有石级盘道上山，经涧上所架石梁回转于峰峦之间，借以显示危崖高峙、谷深莫测，最后到达山顶平台，然后另设蹬道盘旋下山。

8.3.3 土石山

传统园林中的假山，土石山（见图 8–19）数量居第一位。土石山以土为主，在重要的地方设置石头，一则为了固土，二则为了美观。首先沿山脚叠石，以固土，防水土流失，还可起挡土墙的作用；然后结合山上的游览路线作“峰回路转”的布置，于盘道转折处设增高的峰石，于盘纡曲折的蹬道两侧垒石如堤状以固土；另外常在配置植物之处露土留出花台，并常在山顶留出较大面积的土地植树，创造山林效果。

图 8–19　土石山

石山和土石山，往往以山石形成洞壑，从平面上看不仅能极尽迂回曲折之能事，而且从高程上看还能力求回环错落。置身其中，如时而登临于峰峦之巅，时而沉落于幽谷之底，忽明忽暗，忽开忽合，忽上忽下，纵横交错、贯通穿插，变化无穷。自下往上看层峦叠嶂，自上往下看沟壑盘踞。

8.3.4 花台

庭院花台（见图 8–20）形式自然，以石材形成不规则构图的平面和立面，其上配置花草树木，辅以石峰、石笋等成为一幅自然图景，是苏州园林中最为普遍的叠石造景手法之一。

庭院花台不宜高高竖起三峰，应选择玲珑石块，以山石本身的优美体型、外轮廓、虚实和纹理的变化取胜。其位置安排应注意以下几点：第一，主次分明，错落有致；第二，切忌并排成直线，主峰忌居中；第三，上大下小，似有飞舞之势。如留园“涵碧山房”南面的牡丹花台，叠石形纹合一凝练而简洁，是苏州园林中花台的上品。

图 8–20　花台

8.3.5　置石

将姿态秀丽、奇特或古拙的单块山石或峰石放在室外立置，以便于观赏的山石称为置石。在多数场合下，人们对于山石的欣赏主要还是限于它的形式美。

置石常置于园中作为局部构图中心，或作小景、对景、主景、点景之用，可设基座也可半埋于土中以显露自然。置石的石峰，可以是一块也可以是两三块，若是两三块还应分出主从，否则便可能造成“环堵中耸起高高三峰排列于前，殊为可笑”(《园冶》) 的局面。此外置石摆放也很讲究，除常说的特置（见图 8–21）外，还包含散置、对置和群置（见图 8–22）。

图 8–21　置石特置

特置就是用一两块形质优美的石峰作为主体来点缀庭院空间，少而精，突出重点、主题。特置石峰作用接近于近代雕塑，有鹤立鸡群之感。

散置是指将几组山石形成一个山石群体置于园林中，在设置上有高低起伏，前后左右与环境相呼应，体现出中国园林“虽由人作，宛自天开”的特点。散置可以作为景观的主题用来点缀空间，还可以分隔空间和遮挡视线。直到现在，散置手法都很常见。

对置是按照一定的轴线在其两侧布置山石，用以衬托环境。它的数量和体量不宜完全对称，避免呆板。对置在北京传统园林中运用较多，如颐和园的仁寿殿前就有遥遥对望的山石。

图 8–22　置石散置与群置

群置是将数块山石组合成自然而有变化的序列。在群置过程中要求山石大小不一、疏密相间、高低变化、前后呼应，体现山石自然而丰富的变化。

8.3.6　粉壁置石

以粉墙为纸，以石为绘，再辅以花木（海棠、迎春、松柏、古梅等），从而形成优美的画面，俗称粉壁置石（见图 8–23）。其具有以小涵大、以少藏多的特点。留园华步小筑庭院院墙上点缀山石天竹蔓萝，恰似一幅图画。

8.3.7　石梯蹬道

石梯（见图 8–24）通常称为云梯，有的与楼山相互穿插、同步堆叠，形成随势起伏盘旋的蹬道，直接通到二楼，十分巧妙，又意味无穷。如留园五峰仙馆厅前假山蹬道，可直通西楼。

图 8–23　粉壁置石

图 8–24　石梯

8.3.8　踏跺和蹲配、抱角和镶隅

踏跺是自然山石的踏步，选用扁平形状的石材，每层级呈不规则交叉，高度在 5～25 厘米不等。蹲配是常和踏跺配合使用的一种置石形式（见图 8–25），它可以用来遮挡因踏跺层层叠砌而两端不易处理的侧面，同时还可兼备垂带和门口对置装饰的作用。

建筑的墙面多呈直角转折，这些拐角的外角和内角的线条都比较单调、平滞，常以山石来美化。对于外墙角，山石成环抱之势紧抱基角墙面，称为抱角。对于墙内角，则以山石填镶其中，称为镶隅。经过这样处理，本来是在建筑外面包了一些山石，却又似建筑坐落于自然的山岩上。山石抱角和镶隅（见图 8–26）的体量均须与墙体所在的空间取得协调。

图 8–25　踏跺与蹲配

图 8–26　抱角与镶隅

8.3.9 石桥

石桥，即用石料建造的桥梁。在传统园林中临水或山洞、崖壁间会使用到石桥，以显自然险峻。石桥形式多样，包括平桥、拱桥、折桥等。平桥，有直线形和曲折形，结构有板式和梁式。园林中的平桥（见图 8–27），其外形简洁刚劲的直线具有阳刚之美，直线按内力变化有规则的曲折，使之产生刚中有柔的韵律，且多紧贴水面，除在特殊情况下稍有弯起外一般不起拱。板式桥适于园林中小河、溪流跨度不大的水面。如北京颐和园谐趣园新楼前跨小溪的石板桥简朴雅致。梁式桥适于跨度较大的地方，应设桥墩或柱，上安木梁，梁上铺桥面板。曲折形的平桥，是中国园林中所特有的，不论三折、五折、七折、九折，通称“九曲桥”。其作用不在于便利交通，而是要延长游览时间，以扩大空间感，在曲折中变换游人视线，做到“步移景异”。折桥（见图 8–28），大多数为一、三、五至九折，其数成单，江南园林中应用较多。拱桥（见图 8–29）线条柔和、形象美观、受力科学，如苏州网师园的引静桥仅 2.4 米长、1 米宽却仍具拱桥魅力。

图 8–27　平桥

图 8–28　折桥

图 8–29　拱桥

8.4　现代演绎与现代景观

在现代景观设计中，山石是必不可少的物质要素。现代景观的造景元素十分丰富，雕塑小品、喷泉、跌水、各种形式的构筑物为现代景观的设计提供了更多的选择。人们的审美对象有了更新的发展，审美的标准也不尽一致，过去能利用山石组景的地方也因为其风格、形式等因素而被其他造景元素所取代。同时，山石组景也适度地做出变化以适应环境的需要，一些山石组景加强了功能性和雕塑感，成为环境中的小品，更加自然地融合到环境中。现代景观中的山石景观无论是在形式上还是在内容上都不断丰富发展。在坚持科学性与艺术性原则的前提下，山石造景充分利用新物质和新技术条件，努力实现自然与艺术的协调、传统与创新的协调，在新时代焕发出新的生命力。

8.4.1 点石成景，独具特色

现代景观常将山石安放在节点处形成该区域的标志性景观，也常常以地形为设计灵感创造变化有趣的景观形象。如在珠海恒荣城市溪谷项目中，孤置山石成为园区景观的入口处的象征，山石最富变化的那一面朝向主要观赏方向，并利用植物与水景柔化山石的硬感，使孤置山石在环境中犹如一幅生动的画作。

作品《山》（见图 8–30、图 8–31）位于安徽省六安市裕安区茶谷景区入口处，为茶谷景区的标志性雕塑。在茶谷景区的入口处采用山为入口形象，是因为山是中国文化的发源地、中国茶的产生地。项目总占地面积 1.3 万平方米。雕塑创建了一个时间与空间的交叉点，在这个交叉点上是文人精神的寄托——人在山水之间感受天地万物与内心合为一体。雕塑高 19.5 米，最长跨度约 35 米，以宋元山水为蓝本，用数字化技术进行二维到三维的转换，从线到体，层层叠加的耐候钢板，塑造出宋元山水画的韵味和意境。人在雕塑中穿行时，不断变化的造型、波动的线条与光影纵横交错，能够获得“可行、可望、可游”的丰富体验。

图 8–30 作品《山》（1）

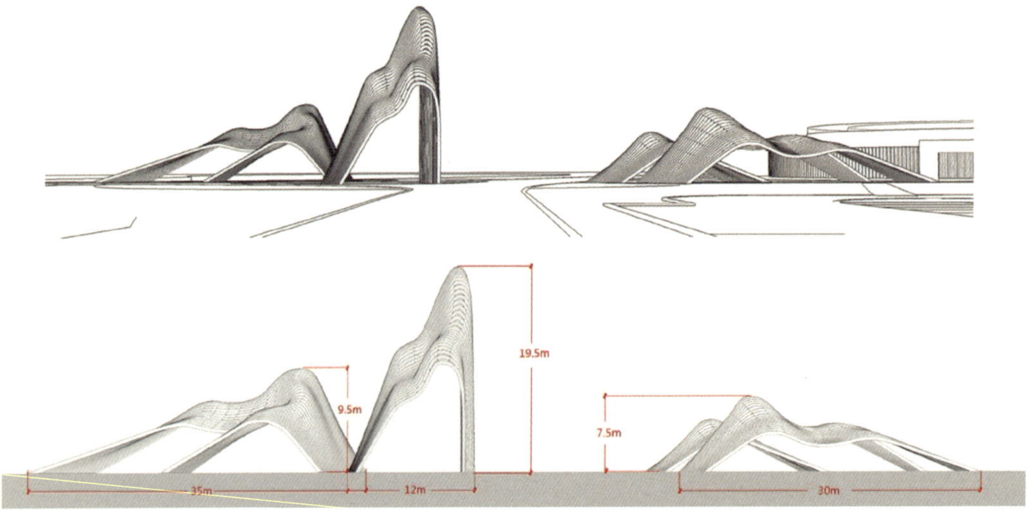

图 8–31　作品《山》(2)

8.4.2　曲折迂回，体验丰富

现代景观强调低碳节能，因此不会像传统园林那样运用大量的石材来营造曲折迂回的空间，而是通过钢材、水泥、漆料、砖瓦等人工材料模拟出山石间曲曲折折的空间；在材料上模仿岩石峭壁的肌理，强化沟壑纵横的感受，在空间上营造峰峦间高低错落的感受，让行人仿佛置身于山石之间，感受不一样的传统园林氛围。

如南京园博园悦榕庄酒店（见图 8–32）的室内设计，该项目强调尊重生态系统的可持续性概念，使用天然材料，以大自然作为创作的媒介，将汤山本地废弃石灰岩矿山的光、石、林、雨等元素解构重塑，构造出一处全新的“矿谷秘境”，创造出一种曲折迂回、

图 8–32　悦榕庄酒店

体验丰富的艺术形式，和山体完美融合。设计师构想这是一次探秘之旅：穿越山道，沿幽径行走，往深处探索，犹如置身落日背景下的山谷峭壁，通过山道一般的曲折楼梯呈现出丰富的空间。建筑景观的石块是因地制宜的产物，与外围的山体矿谷巧妙呼应。

8.4.3　气势磅礴，险峻陡峭

现代景观在模拟山石的气势磅礴氛围时，除了运用山石营造外，还善于利用自然地理条件，使人置身于自然之中。在现代景观中，以山石意喻大自然的山川，以水池意喻江河。

如南宁园博园采石场花园（见图 8–33）的 4 号采石场，采石场停采之后渗透出来的地下水汇成一个面积约 1 公顷的碧绿澄澈的大水潭，在南北两侧主要观赏点设置了平台，北侧的观景台是一个位于采石场边缘的耐候钢长廊，内部朝向采石场打开了一长条带形窗，在此可以望见对面高出水面 40 多米的高耸险峻的悬崖。长廊南端悬挑在岩壁上，人们站在玻璃栏杆内侧可以俯瞰脚下的一池碧水和对面的滨水平台，惊险刺激。采石坑南侧，一个楔形平台从山石的一个豁口探出，悬挑于碧水之上，一条曲线的栈桥从平台引出，连接低处的滨水平台。坑体周围和坑内缓坡处通过覆土，种植了南洋杉和一些乡土灌木及草本，使采石场有了生机并衬托出崖壁的险峻。

石窝（露天）剧场（见图 8–34）的前身是一座小型采石坑，位于威海市环翠区嵩山街道五家疃村。场地中原有石壁被完整地保留，不做任何处理，成为剧场的背景墙。建筑与景观的材料大部分来自平整场地时候挖掘出的石头。台阶和坡道被高大的墙包围，或略显压迫，或曲折，成为进入主区域之前的过渡空间，起到了“欲扬先抑”的作用。

图 8–33　南宁园博园采石场花园

图 8–34　石窝（露天）剧场

8.4.4 因地制宜，顺应地形

现代景观中会以土石为材料人为造出如丘陵似的高低起伏变化的地形，表面置以草坪植物和铺装材料，从而分隔空间、遮挡视线。如某处公园绿地中的植物微地形（见图 8–35），以彩色沥青为主要材料，在微地形的表面覆盖饱和度极高的色彩，呈动态的圆滑曲线形式，与微地形的自然曲线相协调。用地形形成高低起伏的儿童戏水空间，以土为材料塑造成几何形体，如半圆形、圆锥形等，表面置以草坪植物和铺装材料。半圆形是最容易和其他形体协调的形式，运用重复的手法可以使地形雕塑在场地中反复出现，加强景观的特色。

图 8–35　植物微地形

安吉桃花源鲸奇谷（见图 8–36）顺应地形，以地形为设计灵感，将山的形式做简化抽象处理，依旧保有主宾之分，增强人的互动体验感，创造木板组合的六边形双重空间（见图 8–37）、错落观景平台（见图 8–38），还有纵横交错、贯通穿插的洞穴（见图 8–39），顺应地势设计有滑梯（见图 8–40）。场地处在与道路标高 11 米左右高差的谷地，既给滑梯创

图 8–36　安吉桃花源鲸奇谷

图 8–37　六边形双重空间

图 8–38　鲸奇谷错落观景平台

图 8–39　鲸奇谷洞穴

造了机会，也给到达制造了难题。虽然受限于坡地的陡度和安全长度，但是通过在模型里反复模拟其安全性，使得高处的滑速控制在坡度 30% 左右，中间用弯道减速，下段可以适当加速在坡度 38% 左右，以尽量长的平缓段做收尾。

抓住孩子最基本的玩乐方式——滑、爬、钻、跳、飞高……放置与地形有关的活动设施——滑梯、爬网、秋千、跳跳云等。让小朋友们在自然中玩耍，利用各种设施搭建小朋友和自然的桥梁（见图 8–41）。

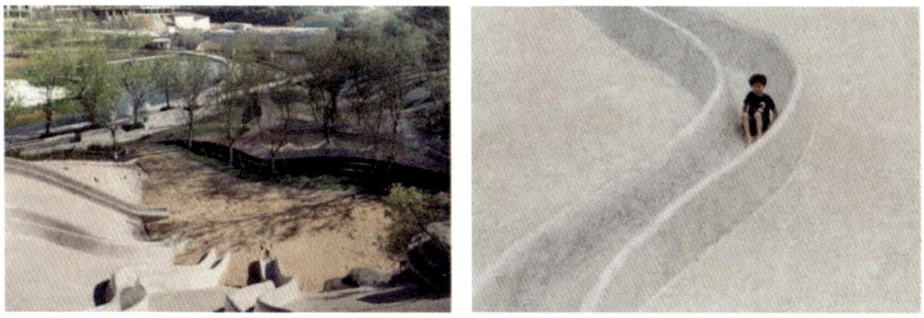

图 8–40　鲸奇谷滑梯

图 8–41　鲸奇谷儿童设施

同时，鲸奇谷也考虑了给看护者充分舒适的休息场所。在每个小孩可能停留的空间里，都有足够的或坐或躺的看护空间给大人，都在遮阴的树下。满足不同的需求，让多种行为可以同时间、同空间发生，是对来者最大的尊重。

本章小结

主要内容：本章主要介绍了园林中山石的处理手法与现代演绎。园林中的山石常与建筑、植物、水系相结合，以石造景，以石配景，成为丰富园路两侧、走廊前行方向、建筑物庭院的主要方式，具有借山抒情、登高望眺、遮挡视线、分割空间的功能作用。园林中的山石以太湖石、黄石、石笋、青石最为常见，具有土山、石山、土石山、花台、置石、粉壁置石、石梯蹬道、踏跺和蹲配、抱角和镶隅等多种类型，其中数叠山技艺最为复杂，包括叠、盖、扣、卡、挂、撑、刹、悬等。山石造景充分利用新物质和新技术条件，努力实现自然与艺术的协调，传统与创新的协调，在新时代焕发出新的生命力。现代演绎方法主要包括点石成景、独具特色，曲折迂回、体验丰富，气势磅礴、险峻陡峭，因地制宜、顺应地形。

重点：本章重点部分为园林中山石的处理手法、意境营造与材料类型。

难点：本章难点部分为在现代景观中的山石营造手法。

任务模块

思考任务

1. 阐述中国传统园林中山石的功能作用。
2. 中国传统园林中山石的常用材料有哪些？

3. 传统园林中山石的应用形式有哪些?

4. 请说出常用的叠石方法。

5. 现代景观中山石的新材料有哪些?

6. 阐述现代景观中山石营造的方式方法。

拓展任务

1. 举几个著名的现代景观案例，分析它们的山石材料、造景类型、艺术手法。

2. 举例说明传统园林中利用山石分割和组织空间的方法。

3. 说一说现代景观中山石形式设计与意境营造的关系。

设计任务

1. 以传统园林中的建筑、水体、山石等元素制作一件微缩景观模型。

2. 以山石为要素，设计一处 1 000 平方米的现代风格庭院。

3. 以太湖石的纹理孔洞为原型，设计一处亭廊空间。

章节资源

1. 胡长龙 . 园林规划设计［M］. 北京：中国农业出版社，2010.

2. 刘滨谊 . 现代景观规划设计［M］. 南京：东南大学出版社，2005.

3. 黄雯睿，魏胜林，仲笑林，等 . 苏州古典园林叠石艺术刍议［J］. 安徽农业科学，2009，37（28）.

4. 熊琦琪 . 北京皇家园林掇山置石理法与数字化建档研究：以圆明园为例［D］. 北京：北方工业大学，2023.

5. 王枭勇 . 浙江传统园林掇山置石研究［D］. 杭州：浙江农林大学，2015.

6. 江彤 . 师法自然造园理念下的现代园林置石应用研究［D］. 哈尔滨：哈尔滨师范大学，2013.

7. 赵晶晶 . 中国古典置石艺术在现代园林中的应用研究：以岭南黄蜡石为例［D］. 广州：华南理工大学，2012.

8. 李文霞 . 现代园林置石设计的艺术手法及其理论探讨［D］. 重庆：重庆大学，2011.

9. 张敏莉 . 中国古典园林掇山置石手法及理论研究［D］. 福州：福建师范大学，2010.

10. 胡仁锋 . 传统石景的现代演绎研究［D］. 西安：西安建筑科技大学，2010.

11. 蒋雪 . 现代园林自然山石造景理论探究［D］. 上海：东华大学，2010.

12. 杜烨 . 山石造景的艺术手法及其理论探讨［D］. 重庆：重庆大学，2006.

9. 四时变化有情暖

The Art of Landscaping with Garden Plants

四时指的是春、夏、秋、冬这四个季节。春天气温回暖，万物复苏；夏天气候炎热，万物不断生长；秋天日渐凉爽，进入成熟的季节；冬天天寒地冻，万物都躲藏休眠以积蓄来年生长的力量。

每个季节都有自己的特征，对万物产生不同的影响。四季带给人们的不仅是气候变化，还有四季景观（见图 9–1）。春、夏、秋、冬等时令变化，雨、雪、阴、晴等气候变化，都会改变空间的意境并深深影响人的感受。而最能够突出季节变化的便是植物，植物的颜色、形态、繁盛与凋落等都能给人带来最直观的季节感受。植物是自然之馈赠，带给人们的情感是细腻的、温馨的。

图 9–1　四季景观

9.1 繁花似锦，袅袅余音

中国人对自然情有独钟，“山之光，水之声，月之色，花之香……真足以摄召魂梦，颠倒情思”（见图 9–2）。

图 9–2 山光水色 鸟语花香

中国传统园林起源于囿台园圃，囿为狩猎，台模拟高山，园圃为植物，可见植物在中国园林起源和发展中具有重要作用。植物不仅有幼壮苍老之体态差异，而且有春夏秋冬的季节变化，植物之间更是姹紫嫣红、争奇斗艳，令人目不暇接。比起植物的千姿百态，其深远寓意更为可贵。植物的声景和意景可以更加婉约雅致地诠释传统文化思想和情怀。

9.1.1 声响美

植物的声响美（见图 9–3）给人以直接的听觉感受，形成独特的声景，历来是中国文人雅士热衷表达的内容。李清照的“梧桐更兼细雨”，王维的“雨打芭蕉叶带愁”，唐顺之的“风来松涛生”，无不体现着人们对植物声响美的独特喜爱。

园林中的植物通常借助风来传达自己的音律。不同程度的风力作用在植物上会奏出舒缓、轻快、活泼等美妙的音符。植物种类品种繁多，肌理各不同，风与各种植物肌理的摩擦而发出的声响交汇在一起，弹奏出美妙旋律，产生不同的音律美。古人自古就有“听松”的嗜好，如王明明的《听松图》（见图 9–4）。

图 9–3　植物的声响美

图 9–4 《听松图》(王明明)

风作用在孤松、对松、群松等不同组合形式上，产生轻重缓急、大小不同、层次各异的松声之美。如“万壑松风”位于承德避暑山庄松鹤斋之北，有数百棵高大的松树，风穿过群松，松涛作响，给人带来听觉上的享受，带来震撼的“松涛美”(见图 9–5)。

图 9–5 “松涛美”

又如拙政园中留听阁、听雨轩（见图 9–6、图 9–7）都是以声响美为赏景的主题。留听阁是园内最西端的建构物，背以青山为屏，南有临水平台，东侧是山间小溪汇入大池之处，东南向隔水与主厅三十六鸳鸯馆相呼应，池中植荷，时值仲秋季节，碧荷初败，秋雨霏霏，于窗前倚栏静听雨滴残荷之声，自有一番妙趣，颇有“秋阴不散霜飞晚，留得枯荷听雨声”之意。听雨轩以“听雨”为风景主题，坐南朝北，前庭院中有清水一池，池中植荷几叶，池边栽芭蕉翠竹。院内蕉、荷、竹一应俱有，雨天于轩中静观，目可赏蒙蒙雨景，耳可听潇潇雨声，别有情趣。

图 9–6　拙政园留听阁

图 9–7　拙政园听雨轩

9.1.2　意韵美

园林造景取意于自然山水植物，不仅是从审美角度出发，更是从精神灵韵的角度考虑。众多文人雅士皆借植物之品格喻人：陶渊明“采菊东篱下，悠然见南山”之爱菊；周敦颐“出淤泥而不染”之爱莲；林逋“疏影横斜水清浅，暗香浮动月黄昏”之爱梅。

人们通常以松柏比喻君子坚贞的品格，称牡丹为“花王”、芍药为“花相”、月季为“花后”，榉树谐音中举，紫薇意味高官。梅、兰、竹、菊被视为花中“四君子”，松、竹、梅合称“岁寒三友”。玉兰、海棠、牡丹、桂花齐栽，象征“玉堂富贵”。人们还认为，中门种槐便能三世昌盛，石榴意味多子多孙，紫荆象征和睦，萱草代表忘忧之意等。

宋代张景修有“十二客之说”（部分见图 9–8），将牡丹视为贵客，梅为清客，菊为寿客，瑞香为佳客，丁香为素客，兰为幽客，莲为净客，桂为仙客，茉莉为远客，蔷薇为野客，芍药为近客，荼为雅客。曾瑞伯有“十友之说”，将荼视为韵友，茉莉为雅友，瑞香为殊友，荷花为净友，岩桂为仙友，海棠为名友，菊花为佳友，芍药为艳友，梅花为清友，栀子为禅友。发展到姚宽《西溪丛语》中所列的花卉三十客，以至程棨《三柳轩杂识》中的花卉五十客，真是“仁者见仁，智者见智”。

图 9–8 “十二客之说”部分花卉

拙政园的海棠春坞（见图 9–9）由玲珑馆东侧花墙分隔成独立小院，造型别致的书卷式砖额嵌于院之南墙。院内以翠绿的修竹和灰白的假山衬托粉红的两株海棠，象征超凡脱俗、孤芳高洁的隐士之美。网师园竹外一枝轩前的黑松（见图 9–10），以姿态优美的花木作衬托孤植于建筑物附近，寓意坚韧不拔、刚正不阿的处世品格。

图 9–9　拙政园海棠春坞

图 9–10　苏州网师园黑松

9.2　酌古参今，师法自然

李格非的《洛阳名园记》中园林各园均有鲜明的植物造景特色。富郑公园以大面积的竹海和小面积的梅台见长，清雅高洁；归仁园则牡丹、芍药衬以修篁翠竹，浓艳华贵；苗帅园有古七叶树两棵对峙，高百尺，春夏苍郁如山，无与伦比。园林因植物之不同而各具风采。

明末清初，园林常用一种花木成片种植以构成单纯的群体植物景观。明代高濂《遵生八笺》提到园内同种花卉的沿线栽植，所谓“九径”，选取江梅、海棠、桃、李、橘、杏、红梅、碧桃、芙蓉九种花木，各种一径，做到“一径花开一径行”。因所处位置不同，植物造景亦有所变化。

9.2.1　庭院植物造景

庭院是建筑空间的延伸，由建筑或其他界面围合而成。皇家园林建筑物群体的主轴线明确，庭院亦按此轴线对称布局，则植物造景一般对称布置，加强建筑的秩序感，突出对称美，如北京颐和园（见图 9–11）。私家园林建筑庭院常采用花台的方式，以白墙为底，以石木为景，自然配置大乔木、小灌木和山石，丰富景观层次，追求自然天成之趣，达到“虽由人作，宛自天开”的意境（见图 9–12、图 9–13）。

图 9–11　北京颐和园

图 9–12　苏州网师园

图 9–13　苏州怡园

小庭院以近距离观赏为主，常由房屋的前庭、后院以及廊和界墙所构成。这种小院视距短，景物少，要求配置形态好、色香俱佳的花木，有时还配以玲珑剔透的湖石，以白墙为背景，形成各种画面。随着时间和季节的变化，在阳光的照射下，白墙上映出深浅不同的阴影，构成各种生动图案（见图 9–14）。其常用花木有竹、天竹，蜡梅、山茶、海棠、芭蕉等。稍大的庭院，多用玉兰、桂花、紫薇、梧桐、白皮松、罗汉松、黄杨、鸡爪槭等（见图 9–15）。此外还常以藤萝类植物攀缘于白墙面，以破其单调，使有限空间绿意浓郁，并增加层次变化（见图 9–16）。

图 9–14　小庭院植物配置

图 9–15　大庭院植物配置

图 9–16　藤萝类植物应用

9.2.2　天井植物造景

天井位置应选择对土壤、水分、空气湿度要求不高但是观赏价值较大的观叶植物，如芭蕉、南天竹、鱼尾葵、一叶兰、巴西木、绿萝、红宝石等。利用花台或配景在较小天井中做点缀，常可以获得良好的效果（见图 9–17）。

图 9–17　天井植物造景

天井植物多采用点种或者孤植。留园中的“华步小筑”为面积较小的天井，内置石笋怪石，与一丛姿态潇洒的南天竹相映成趣（见图9–18）；一株古藤沿粉墙攀援而上，使立于天井的人们有一种空间无限延伸之感。在庭院和天井的墙隅、廊的转折处，多散植芭蕉、南天竹等，使建筑围合的空间活泼自然。

图 9–18　留园“华步小筑”

9.2.3　水边植物造景

在水边造景过程中，水边若是土岸，则采取浅沼的处理方法，由土岸向水中做成斜坡，岸边种植水菖蒲、芦苇、慈姑、茭白、水葫芦等沼生植物，或者是草坡一直到水（见图9–19）。

水边若是假山驳岸或条石驳岸，则在驳岸以内种植一些不阻挡视线的花木，如迎春、探春等，垂挂于驳岸上；或在假山石种植上爬植物更显古朴；还可以在岸边种植碧桃、梅花、梨花、杏花、玉兰、海棠、夹竹桃、山竹、松树、垂柳等花木，使枝条伸向水面，形成柔条拂水、低枝写境的画面（见图9–20）。

图 9–19　土岸植物种植

图 9–20　驳岸植物种植

如拙政园中部池中土山两侧土岸边芦苇丛生，北侧林木茂密，景象自然生动，颇具江南水乡特色，是现存苏州传统园林中难得的土岸实例（见图 9–21）。此园假山东南土岸叠石一两层，配以林木竹丛，有紫藤舒展探伸于水面之上，既可保护土岸，又可增添山林景色，是一举两得的处理。

图 9–21　拙政园中部池造景

9.3　寓诗于景，四时造景

利用花木的季节性构成四季不同的景色，是传统园林中习用的一种手法。明代顾凝远《画引》中说："气韵或在境中，或在境外，取之于四时寒暑晴雨晦明，非徒积墨也。"四时体现在园林中晨昏晴雨、四季交替的变化，而晨昏晴雨、四季变相可通过天气与植物的变化达到移时造景的目的。

9.3.1　春色景观

传统园林常用的春季植物：乔木类有玉兰、樱花、山杏、山桃、垂丝海棠、紫叶李、紫荆、鸡爪槭、西府海棠、桃花等，灌木类有紫玉兰、丁香、黄栌、连翘、迎春、紫荆、棣棠、月季等，地被草本植物有鸢尾花、萱草、凤仙花、三色堇、雏菊等，水生植物有香蒲、睡莲、萍蓬莲、芡实、芦苇、水竹等。

西府海棠（见图 9–22），树姿潇洒峭立，春花艳丽缀满枝头，花朵红粉相间，叶子嫩绿可爱，不论孤植、列植还是丛植均极为美观。其花未开时，花蕾红艳，似胭脂点点；开后则渐变粉红，有如晓天明霞。北京故宫御花园和颐和园中就植有西府海棠，逢春夏之交，迎风峭立，花姿明媚动人，楚楚有致。其与玉兰、牡丹、桂花相伴，形成"玉堂富贵"之意。

图 9–22　西府海棠

桃花（见图 9–23），粲如锦浪，艳如红霞，装点盎然春意，因此被称作“春桃”。其花形各异、花色众多、花期长、株型多姿多态，韵意深厚的桃花文化成为我国著名的赏花春景。在传统园林秋霞圃中到处可见婀娜多姿的桃花盛开，其中尤以桃花潭景色最甚。桃花潭东南角的春桃，簇簇粉花与三曲桥相掩映，是江南传统建筑小品与自然的完美结合。

图 9–23　桃花

9.3.2　暑意景观

传统园林常用的夏季植物：乔木类有桃树、李树、枣树、槐树、香樟、龙柏、合欢、悬铃木、榔榆、柳树等，灌木类有月季、栀子、珠兰、木槿、红花檵木、夜来香、夏杜鹃、孔雀兰、米兰、八仙花（绣球花）、鸳鸯茉莉、石榴、棣棠、紫薇、紫丁香、蔷薇等，地被草本植物有龙舌兰、银纹沿阶草、一叶兰、蔷薇、金莲花、薄荷、斗篷草、薰衣草、芭蕉等，水生植物有荷花、睡莲、碗莲、水葫芦、黄菖蒲、梭鱼草、花叶芦竹、金鱼藻等。

拙政园的荷风四面亭（见图 9–24），亭名因荷而得。“四壁荷花三面柳，半潭秋水一房山”便是指名此景。荷风四面亭坐落在园中部池中小岛，四面皆水，荷花亭亭净植，岸边柳枝婆娑。亭单檐六角，四面通透，四季皆宜。若从高处俯瞰荷风四面亭，但见亭出水面，飞檐出挑，红柱挺拔，基座玉白，分明是满塘荷花怀抱着的一颗光灿灿的明珠。

图 9–24　拙政园荷风四面亭

紫薇（见图 9–25），“花至七夕犹繁”，是真正属于夏天的花。紫薇之花，瓣生细爪为柄，微连萼上，瓣又多褶，无风自动，其态妩媚。紫薇花有红有紫有白，常植于苏州园林之中，与假山池水、白墙黑瓦构成一景。网师园殿春簃小院中的深粉色紫薇花，近乎桃红，开在冷泉亭畔的湖石上方。这株紫薇高大茂盛，枝叶离披，几乎与冷泉亭的翘角飞檐同高。碧叶间花开灼灼，老树新花，衬映着蓝天白云、太湖石和后面的粉墙黛瓦，更显得娇艳欲滴。

图 9–25　紫薇

9.3.3　秋清景观

传统园林中常用的秋季植物：乔木类有银杏、黄金树、合欢、梧桐、梓树、水杉、金钱松、杨树、柳树、雪松、白皮松、罗汉松、香樟、橘树等，灌木类有野樱莓、蓝莓、紫珠、玫瑰、血红杜鹃、桂花、龙船花、蔷薇、茶花、月季、木芙蓉等，地被草本植物有美女樱、百日草、鼠尾草、大花萱草、千日红、菊花、雁来红、百合花、紫露草等，水生植物有彩叶水芹、狐尾藻、水菖蒲、热带鱼草、金鱼藻、水蕴草、浮萍等。

拙政园内待霜亭是位于园中部池中东岛高处的六角景亭，所处位置甚佳，周围多种山橘树，逢秋时，橘子霜降后开始变红，景色秀丽（见图 9–26），观景极佳。以“待霜”名亭，借“橘”特征寓意坚贞、不怕摧折的骨气。

图 9–26　拙政园秋景

闻木樨香轩（见图 9–27）位于留园中部的爬山廊中段位置，木樨即木樨科植物桂花。闻木樨香轩四周种满了桂花，每逢中秋前后，金桂香飘满园，令人流连忘返。

网师园内的小山丛桂轩（见图 9–28），景点取“桂树丛生兮山之幽”（《楚辞》）之境界。轩南为太湖石庭院山，轩北有黄石主峰云岗，一玲珑，一浑拙，势成幽谷，匝种桂花，秋日竞放，香气蕴郁谷间，久聚不散。

图 9–27　留园闻木樨香轩

图 9–28　网师园小山丛桂轩

9.3.4　冬情景观

传统园林中的冬季植物：乔木类有槐树、白蜡、白皮松、雪松、杨树、栾树、白杨、五角枫、臭椿、榆树、龙爪槐、皂角树、桧柏、黑松、罗汉松等，灌木类有紫薇、木槿、杜鹃、茶花、磬口腊梅、小花腊梅、素心腊梅、三角梅、虎刺梅等，地被草本植物有玉簪花、柳穿鱼、萱草、君子兰、鹤望兰、一品红、茶花等，水生植物有绿萝、水仙花、龙须草、皇冠草、水榕、狐尾藻、水菖蒲等。

留园中的佳晴喜雨快雪之亭（见图 9–29），是一座卷棚歇山顶单檐方亭，东与冠云台隔廊相望。亭前花台植黑松，造型独特，寓意长青。周围饰以绿色花木，以白皮松为主栽植在院内作衬托，院内四季常青。雪霁，阳光映照在翠绿白雪之间最是引人入胜。

图 9–29　留园佳晴喜雨快雪之亭

网师园中的看松读画轩（见图 9–30），轩名即因庭前有古柏苍松而得，以冬景为主。轩前的树坛内点植罗汉松、白皮松和圆柏三株，增加了池北岸的层次和景深。院内的古柏和各类小型造型松是主角。窗口可以看到假山林立，古老硕大的高松与室内形成强烈对比。透过花窗望去，犹如一幅富有变化的山水图。

图 9–30　网师园看松读画轩

9.4　极深研几，精在体宜

本部分通过介绍一些传统园林植物配置案例，来分析传统植物造景方法的精妙之处，并以此作启发为现代园林景观植物造景提供一定的经验和基础。

9.4.1　玉兰

古人因玉兰淡雅清香而广植于风景胜地、寺观、庭院的显要之处，并以居处有玉兰示为高雅而自居。玉兰（见图 9–31）形体挺拔，未叶先花，花美而芳香，莹洁清丽，宛如玉树，是庭院中名贵观赏花木。我国是最早栽培木兰科植物的国家。秦统一中国后，就于阿房宫、上林苑中引种了包括玉兰在内的木兰类植物，表明玉兰应用于城市绿化在秦朝时即已经开始。到唐代，栽植玉兰于庭院已发展成为植物配置的常见形式。玉兰常在厅前院后栽植，亦有在路边、草坪角隅、亭台前后或漏窗内外、洞门之旁栽植。

颐和园乐寿堂（见图 9–32）、清华轩及排云殿之东、长廊以北均大量栽植玉兰，色似玉，香似兰，淡而优雅，花开时遂有“玉香海”美称。在网师园中玉兰散布全园，于万卷堂前、露华馆前、黄石假山上均有种植，为庭前、山石搭配种植。

图 9–31　玉兰

图 9–32　颐和园乐寿堂栽植的玉兰

9.4.2　芭蕉

芭蕉（见图 9–33）又称绿天、扇仙，是一种大型宿根草本植物，以叶取胜，唐朝僧人皎然就有诗句“风回雨定芭蕉湿，一滴时时入昼禅”的赞誉。

图 9–33　芭蕉

沧浪亭中的闻妙香室（见图 9–34）位于全园最东侧，取“灯影照无睡，心清闻妙香”之意，是园主人读书的地方。其南侧小庭院的角落里栽有一丛芭蕉，既点缀了小院空间，又使其清透饱满、不觉闭塞。芭蕉舒展的枝叶好像撑了把伞，为炎炎夏日平添一丝清凉。南朝诗人庾信有诗《奉和夏日应令》，其中有两句最得夏日芭蕉之情韵：“衫含蕉叶气，扇动竹花凉。”园主人在这样“檐前蕉叶绿成林，长夏全无暑气侵”的环境中读书习字定能“稍稍闻见稀，耳目得安静”。

图 9–34　闻妙香室

9.4.3 梅花

图 9–35 梅花

梅花新奇的枝姿和色泽艳丽的花朵，使其在园林景观中成为不可多得的优良孤植和丛植树种。梅花盛开，绚丽芬芳，赏心悦目（见图 9–35）。梅花常孤植或丛植掩映于亭台楼阁等园林建筑空间中，或栽在一隅，或植于窗前，既丰富了园林艺术构图，又烘托了园林建筑的静幽、壮观。

狮子林中的问梅阁和暗香疏影楼都是以梅花为主题而建，其中暗香疏影楼（见图 9–36）依水而建，一层为通道，上楼南面可欣赏到大部分园景，与问梅阁、五叠瀑布、听涛亭及古银杏树组成西部景区。水边植梅花（见图 9–37），姿态各异，颜色明艳，在水面与其他植物组合形成倒影，舒朗且雅致。而问梅阁是西部园景的主体建筑，筑于土山之上，阁前遍布梅树。两者梅花的种植与其园林建筑、诗词匾联交相呼应，寓情于草木之中。问梅阁推窗可见五株梅疏影横斜，暗香浮动。与周围山石植物组景，梅花的清高、淡雅给人轻松之感，而石头的粗糙、古朴给人以厚实感和凝重感。梅石相伴，相得益彰，不仅可衬托出梅花玉洁冰清之美，更可表现出枝干苍劲之气概，如狮子林中栽植的梅花（见图 9–38）。

图 9–36 暗香疏影楼

图 9–37 水边植梅花

图 9–38　狮子林中栽植的梅花

9.4.4　牡丹

黛叶红花、清香四溢的牡丹是富贵、繁荣、昌盛、吉祥的象征，深受人们的喜爱。在唐代就有“唯有牡丹真国色，花开时节动京城”的盛况。牡丹以其万紫千红的艳丽色彩、锦绣成堆的强烈装饰效果成为园林中的重要景观，常见的种植形式是或置于花台，或丛植、群植。

留园远翠阁前规则式石砌花台，花纹雕刻生动。此阁位于水系一侧，从其他视角可尽观。二楼窗纹秀雅，但一楼单调，通过牡丹花台能遮挡一楼空间、突出二楼的门窗纹路，牡丹高低错落有致且与阁高度搭配合适，是苏州园林中应用极佳的案例。

耦园藏书楼（见图 9–39）、织帘老屋（见图 9–40）与左墙面、右半廊组成围合空间，其中有三个牡丹花台搭配高大乔木，还有灌木、山茶、迎春、南天竹及观赏湖石，改变了由硬质材料围合的大封闭空间，分割成具有不同景观效果、富有生命力的次空间。

怡园入口处的牡丹花台（见图 9–41），石块形态各异，左有曲枝美的黄杨、右有叶色美的罗汉松，主景为色彩对比明显又不突兀的牡丹，搭配深灰石刻匾额，上面是黑色古文字体“怡园”，营造出了“白墙为纸，以景为绘”的画境。

图 9–39　耦园藏书楼

图 9–40　耦园织帘老屋

图 9–41　怡园入口处的牡丹花台

9.4.5　竹

竹子是我国传统风格园林中不可缺少的组成部分。唐宋两代竹子被广泛运用到园林造景中，竹子造园进入了一个全盛时期。明清两代竹子园林发展进入成熟阶段，其中以宅园为代表的江南园林是中国封建社会后期园林发展的一个高峰。

苏州六大名园、扬州个园、惠州逍遥堂等在竹子造园上运用相当出彩，许多造园手法仍为今人造园所采用。

（1）竹径通幽。

唐代诗人常建在《题破山寺后禅院》中写道：“曲径通幽处，禅房花木深。”其意是：一条弯弯曲曲的竹林小道，一直通向幽深的去处（见图 9–42）。传统园林在营造路径上为求含蓄深邃，总是忌直求曲、忌宽求窄。在曲折蜿蜒的小径两侧种植成片的竹林，一方面可以遮挡一定的视线，使其构成障景，为后续的空间作铺垫，另一方面可以遮荫纳凉，给人清雅、素净之感。

图 9–42　竹径通幽处

传统园林竹径通幽的典范之作当属杭州西湖小瀛洲（见图 9–43）。其位于三潭印月的东北部，入口是风格别致的隔墙漏窗，月洞门上匾额系康有为手书的“竹径通幽”。竹径两旁临水，长约 50 米，宽 1.5 米。竹种以刚竹为主，高度 2.5 米左右。游人漫步小径，感觉清静幽闭，看不到堤外水面。

图 9–43　杭州西湖小瀛洲的曲径通幽

沿小径两侧是十大功劳绿篱，沿阶草镶边，刚竹林外围配置了乌桕和重阳木，形成富有季相变化的人工群落。特别是竹径在平面处理上采取了三种曲度，两端曲度大，中间曲度小，站在一端看不到另一端，使人感到含蓄深邃，可以体会“庭院深深深几许”的园林意境。竹径的尽头展现出一片开敞虚旷的草坪和水池，营造出符合奥旷交替的园林审美空间。

（2）移竹当窗。

移竹当窗的本意是窗前种竹，即视线通过固定的窗望向窗外的竹子，窗外的景色与竹子融为一体，完美地呈现在窗前形成了一个框景（见图 9–44）。同时移竹特指竹子景观的框景处理，通过各式取景框欣赏竹景，恰似一幅图画嵌于框中。杭州西湖小瀛洲的园墙辟有漏窗，透过图案精美的漏窗欣赏窗外竹林，若隐若现，虚实相生，增大了景深，丰富了园林空间的层次。

图 9–44　移竹当窗

（3）粉墙竹影。

粉墙竹影是指将竹子配置于白粉墙前组合成景的艺术手法，恰似以白壁粉墙为纸、婆娑竹影为绘的墨竹图（见图 9–45）。由于江南园林的墙垣多为白粉墙，故该艺术手法应用广泛。竹子在白色背景的衬托下益显青翠，同时细腻光滑的竹竿极易与平整光洁的白粉墙取得质感上的协调统一。倘若适当点缀几方山石，则使画面更加古朴雅致。

图 9–45　粉墙竹影

9.5　现代演绎与现代景观

中国传统园林是一个源远流长、博大精深的园林体系，从园林设计到植物配置都包含着丰富的中国传统文化。然而，在现代的园林绿地中，植物配置却有着不同时代带来的独特风格和特征（见图 9–46）。

图 9–46　中国传统园林和现代园林中的植物配置

通过总结传统园林植物造景的特点，可以为现代植物造景带来启发和提供参考：一方面，传统园林植物造景向现代园林植物造景的转化有着更高的价值意义；另一方面，对于探索未来园林的发展趋势有着一定的借鉴意义。

9.5.1 四时造景

中国传统园林运用植物的季节性变化构成四季不同景色，呈现出丰富多彩的画卷。现代景观中，四时造景同样发挥着必不可少的作用，其春夏秋冬展现出的景色离不开对植物的选择与搭配。在选择园林植物时要采用不同花期和叶色变化期的植物，园林景观要满足人们不同时期的观赏需求。

梅州雁山湖国际花园度假区（见图 9–47）打造以乡土植物为先，根据适地适树的原则，为特定立地条件选择与其匹配的树种，了解植物生长的复杂生态因子，尊重自然林相和花海氛围，打造植物自适应生态系统。

图 9–47　梅州雁山湖国际花园度假区

在对山体进行造型过程中，秉承不破坏山体原形的准则，地球仓（见图 9–48）整体架空，穿插于树林之间，屋顶裸露面以植物覆盖，形成绿色屏障，令景观与自然本体交融，形成全生态环绕式体验场景。

另外，梵高花园区域植物设计（见图 9–49）是氛围营造的重点环节，设计师提取梵高油画中的亮丽色彩，根据景观风格体现现代简洁感及线条的层次关系，结合四季分区主题体现不同树种的丰富性和生态性，突出植物的季相表现效果。

图 9–48　地球仓

图 9–49　梵高花园区域植物设计

9.5.2　主从置景

无论是在中国传统园林还是在现代园林景观的植物造景中，都必须分清主次关系，才能体现主题（见图 9–50），例如在片植灌木或草本植物中孤植一株乔木，或在散植乔木过程中通过位置关系、大小关系确定主体植物，通过颜色、形态、大小的对比使其主体明确，以此可以达到空间丰富、远近虚实的景观效果。

佛山大沥九龙公园坡地植物种植（见图 9–51），植物类型分前景、主景、背景三部分。前景为三色堇、矮牵牛等，主景为香樟、柳树、秋枫、小叶榄仁、变叶木、红花檵木、杜鹃、桃花、连翘等，背景为印度橡胶榕、大叶榕、大肚木棉、灰莉等。植物大小和高矮层次，近景远景与虚实变化，极大地丰富了景观空间层次。其湖岸线用植物种植形成敞、闭两种空间，且这两种空间会同时存在于湖的两侧，以增加游人游走的空间变化，增添趣味。在水面开敞的一侧会以睡莲、花叶芦竹等花叶色相丰富，且又不影响人们视线的植物点缀，甚至会设置焦点物加以修饰，以营造灵动活泼的开敞空间。湖面闭空间则配置不同空间层次的植物，既分割了空间，又使湖岸保持一定的私密性，还能引起游人窥视湖岸的欲望。

图 9–50　现代园林植物造景主次关系

图 9–51　佛山大沥九龙公园植物配置

9.5.3　情景交融

中国传统园林植物造景在植物选择上十分重视植物的色、香、韵、声，力求能入画，要具有画意，意境上求“深远”“含蓄”“内秀”，情景交融，寓情于景。而在现代园林景观中，通过收放得当的艺术形式对植物进行组合，从而形成色彩多样的、多层次的景观。例如植物造景中的五感设计，即通过人的视觉、听觉、嗅觉、味觉和触觉产生与植物的共鸣之情，以此达到情景交融的景观效果。

上海延安中路的公共绿地五感设计（见图 9–52）体现在：嗅觉园以植物的芳香气味为主题，并按四季时序设计春夏秋冬四个小园，通过各个季节不同的芳香植物给人不同的嗅觉感受；触觉园中除了利用硬质景观如天然石料的色彩、粗糙度、软硬等多种变化外，还通过对具有不同触感植物的选择，如植物枝、叶的质地、形状等强化其主题，带来不同的触觉感受；视觉园基于景观轴线大道及其周边花坛、树墙树阵等的形态、布局，给人带来别样的视觉感受；听觉园基于风吹树木枝叶的声音和雨打芭蕉声、水流声、雨声，以及昆虫鸟禽的啼鸣声等，创造丰富的听觉感受和乐趣；味觉园的主体空间是一个圆形的休憩场地，四周环绕密植各种果树，再搭配常绿的雪松，下层采用杜鹃、八角金盘等常绿小灌木，基于植物果实引发味觉意念。五园各具特色、互相呼应，让人真正在此流连忘返。

9.5.4　师法自然

中国传统园林强调“师法自然”，讲求“虽由人作，宛自天开”，这里包含了中国人内省的文化思维。从现代景观设计的角度看，“师法自然”正是按照植物的自然生长规律来建造园林，符合自然植物群落的发展规律。以传承师法自然的植物景观设计理念为基础，

图 9–52　上海延安中路的公共绿地五感设计

更是现代生态造园理念的应有之义。现代园林植物造景不仅是艺术形式的呈现，更是植物实用性与保护性的体现，如缓解现代城市中的环境问题、防止水土流失、吸收空气中的污染物等。

例如，浙江下渚湖国家湿地公园（见图 9–53）植物造景分为四个大区：湿地净化种植区、滨湖景观种植带、台地种植区、植被恢复区。

湿地净化种植区（见图 9–54）：该区利用梯田湿地净化场地雨污水，通过水位设计形成丰富水深变化的湿地环境；浅滩区以再力花、芦苇等挺水植物群落为主，深水区构建挺水、浮水、沉水多层次水生植物群落，发挥不同类型植物的净化功能。

滨湖景观种植带（见图 9–55）：该区域位于场地与太湖的交界处，采用减法方式，在已有芦苇荡中开辟景观水面，种植挺水、浮水和沉水植物，营造池杉树岛，丰富植物多样性；营造涉禽、水禽的栖息环境，丰富生物多样性；堤岸栽植柳树，形成芦荻飞花景观。

台地种植区（见图 9–56）：根据场地土方平衡的原则，形成了高低不等的台地。在坡地片植当地经济植物——茶，形成坡地茶田。台地顶部种植分枝点高的耐旱乔木，营造恬静的林下活动空间。

植被恢复区（见图 9–57）：种植设计以“绿”作为设计元素，保留长势良好的雪松、香樟等现状植被，并增植枇杷、桂花等常绿乔木和冬季开花灌木，维持公园在冬季的景观效果。

图 9–53　浙江下渚湖国家湿地公园

图 9–54　湿地净化种植区

图 9–55　滨湖景观种植带

图 9–56　台地种植区

图 9–57　植被恢复区

本章小结

主要内容：本章主要探讨了植物在中国传统园林造景中的重要作用。每个季节都有其独特的气候和景观，植物的季节变化能给人带来最直观的季节感受，使人们感受到自然的细腻和温馨。本章主要介绍了以下内容：中国传统园林中植物的声响美和意韵美；园林植物的造景特点及应用；运用季节性植物不同的特性来营造园林中不同的四季风光；传统园林中几种常见植物的造景方法。通过分析中国传统园林植物配置的经验，启发并指导现代景观植物造景的设计。

另外，探讨了传统园林植物造景方法与现代景观的联系和转译。传统园林植物造景强调的四时造景、主从置景、情景交融和师法自然的原则在现代景观植物造景中依然具有重要的参考和启示作用。除此之外，现代景观设计中还需将传统园林植物造景方法与现代生态造园理念相结合，以促进现代景观的创新和发展。

重点：本章的重点在于探讨了植物在中国传统园林造景中的重要作用，包括植物在园林中的声响美和意韵美、园林植物的造景特点及应用、利用花木的季节性来构成不同的四季景色、分析传统园林中常见植物造景方法为现代景观设计提供启示以及传统园林植物造景方法与现代园林景观的联系和转译。

难点：本章的难点在于如何将传统园林植物造景方法向现代景观转译，以创造出更具创意和价值的景观。另外，如何在现代景观植物造景中既达到良好的景观效果又能平衡植物的实用性与保护性也是一个难点。

任务模块

思考任务

1. 什么是植物的声响美和意韵美？举例说明。

2. 在传统园林中，借助植物表达了哪些传统文化的思想和情怀？

3. 如何利用植物的特点在园林中创造出美妙的声景？

4. 师法自然的美学理念在园林中如何应用？

5. 庭院、天井和水边三个场景适合种植的观赏植物分别有哪些？它们的布置方式是怎样的？

6. 在布置园林中的植物时，如何实现营造独特园林风格和氛围的目的？举例说明。

7. 园林中适合种植哪些乔木、灌木、地被草本植物和水生植物来形成春、夏、秋、冬四季不同的景观？请列举几个例子并说明它们的特点。

8. 在运用季节性植物来营造园林四季景观时，如何实现平衡和协调从而使不同的植物和景观之间形成整体感？

9. 传统园林中常见的哪些植物可以为景观增添雅致？

10. 传统园林植物造景所强调的原则有哪些？这些原则在现代景观植物造景中具有怎样的参考和启示作用？

🗀 拓展任务

1. 了解你所在地区的季节性植物，包括花卉、乔木、灌木等，并分析其特点和适合种植的场景。

2. 以公园中的任意植物为对象，进行实地调查和观察，分析其在公园中的重要作用。

🗀 设计任务

1. 设计一个庭院，运用竹子和芭蕉等传统园林植物营造出简约而雅致的风格。

2. 设计一个自然主义的花园，强调师法自然的美学理念，打造一个自然的乐园。

3. 设计一个立体花墙，在有限的空间里通过植物的布置来创造一个视觉上丰富而立体的花园景观。

4. 在设计中运用水生植物和石头来打造出一个自然流动的景观。

5. 选择一个场地（如学校、社区公园等），根据园林中植物四季变化的原则和现代生态造园理念，设计出一个适合当地气候和文化特色的植物造景方案。

6. 设计一个口袋公园，以植物造景为主要元素，应用传统园林植物造景方法，创造出富有文化价值和生态性的景观。

章节资源

1. 苏雪痕．植物造景［M］．北京：中国林业出版社，1994.

2. 诺曼·K. 布思．风景园林设计要素［M］．曹礼昆，曹德鲲，译．北京：中国科学技术出版社，2018.

3. 胡长龙．园林规划设计［M］．北京：中国农业出版社，2010.

4. 刘滨谊．现代景观规划设计［M］．南京：东南大学出版社，2005.

5. 李雄．园林植物景观的空间意象与结构解析研究［D］．北京：北京林业大学，2006.

6. 熊瑶．中国传统园林的现代意义［D］．北京：北京林业大学，2010.

7. 杨鑫．地域性景观设计理论研究［D］．北京：北京林业大学，2009.

8. 王欣．传统园林种植设计理论研究［D］．北京：北京林业大学，2005.

9. 陈敏捷．中国古典园林植物景观空间构成［D］．北京：北京林业大学，2005.

10. 曹菊枝．中国古典园林植物景观配置的文化意蕴探讨［D］．武汉：华中师范大学，2001.

11. 马军山．现代园林种植设计研究［D］．北京：北京林业大学，2005.

12. 夏玉兰．苏州古典园林植物配置的现状研究：以用植物命名的景点为例［D］．南京：南京农业大学，2006.

13. 李晓，张群，阴帅可．晚清常熟静圃园林植物应用探析［J］. 中国园林，2019，35（2）.

14. 徐莉，成仿云．牡丹在苏州古典园林中的应用［J］. 中国园林，2017，33（3）.

15. 胡牮，覃伟．文旅背景下城市公园植物景观美景度评价［J］. 中南林业科技大学学报，2024，44（8）.

16. 王菁．园林植物环境艺术设计在植物景观造景中的应用［J］. 植物遗传资源学报，2024，25（2）.

17. 宋子樱．植物资源选择在体育公园植物景观设计的应用探讨［J］. 植物遗传资源学报，2024，25（1）.

图书在版编目（CIP）数据

营意筑境：中国传统园林与现代景观 / 吕桂菊编著.
北京：中国人民大学出版社，2025.1. --ISBN 978-7
-300-33248-2

Ⅰ. TU986.62
中国国家版本馆 CIP 数据核字第 2024CR9541 号

中华优秀传统文化创造性转化与创新性发展特色教育丛书
国家级一流本科课程建设系列教材
国家社科基金艺术学重大招标项目（项目批准号：21ZD25）教研建设成果
总主编　孙　磊
营意筑境——中国传统园林与现代景观
吕桂菊　编著
Yingyi Zhujing——Zhongguo Chuantong Yuanlin yu Xiandai Jingguan

出版发行	中国人民大学出版社		
社　址	北京中关村大街 31 号	邮政编码	100080
电　话	010-62511242（总编室）		010-62511770（质管部）
	010-82501766（邮购部）		010-62514148（门市部）
	010-62511173（发行公司）		010-62515275（盗版举报）
网　址	http://www. crup. com. cn		
经　销	新华书店		
印　刷	中煤（北京）印务有限公司		
开　本	787 mm×1092 mm　1/16	版　次	2025 年 1 月第 1 版
印　张	16.5	印　次	2025 年 1 月第 1 次印刷
字　数	342 000	定　价	78.00 元